U0238604

北京市海淀区
房屋建筑承灾体调查

百问百答

北京市测绘设计研究院

主　编　张　译　陈品祥

副主编　段红志　谢燕峰

中国水利水电出版社

www.waterpub.com.cn

·北京·

内 容 提 要

　　本书是介绍北京市海淀区第一次全国自然灾害综合风险普查房屋建筑承灾体调查的科普著作。本书立足海淀区，辐射北京市，面向全国，以问答的方式介绍了全国和海淀区第一次全国自然灾害综合风险普查房屋建筑承灾体调查概况、组织实施方案、技术实施方案、软件研发方案、技术问答、质量检查方案。海淀区房屋建筑承灾体调查成果为海淀区百余栋危险房屋的摸排提供了空间及属性信息，为房屋管理工作提供了基础的数据支撑。建立的全市房屋一张底图，为全市各委（办、局）共享共用，提升了城市治理能力、精细化管理水平和城市建设品质。

　　本书可以作为海淀区第一次全国自然灾害综合风险普查房屋建筑承灾体调查工作者的工作指南；亦可为应急灾害、住房城乡建设、地震等政府部门开展灾害预警、风险防治、抗震救灾等工作提供科学指导；同时，也是一本在校学生开展防灾减灾教育不可多得的科普知识读物。

图书在版编目（ＣＩＰ）数据

北京市海淀区房屋建筑承灾体调查百问百答 ／ 张译，陈品祥主编. -- 北京：中国水利水电出版社，2024.2
ISBN 978-7-5226-2300-9

Ⅰ. ①北… Ⅱ. ①张… ②陈… Ⅲ. ①建筑结构－风险管理－调查研究－海淀区－问题解答 Ⅳ. ①TU3-44

中国国家版本馆CIP数据核字(2024)第025074号

书　　　名	**北京市海淀区房屋建筑承灾体调查百问百答** BEIJING SHI HAIDIAN QU FANGWU JIANZHU CHENGZAITI DIAOCHA BAI WEN BAI DA 北京市测绘设计研究院
作　　　者	主　编　张　译　陈品祥 副主编　段红志　谢燕峰
出 版 发 行	中国水利水电出版社 （北京市海淀区玉渊潭南路 1 号 D 座　100038） 网址：www. waterpub. com. cn E - mail：sales@mwr. gov. cn 电话：(010) 68545888（营销中心）
经　　　售	北京科水图书销售有限公司 电话：(010) 68545874、63202643 全国各地新华书店和相关出版物销售网点
排　　　版	中国水利水电出版社微机排版中心
印　　　刷	北京中献拓方科技发展有限公司
规　　　格	170mm×240mm　16 开本　8.25 印张　127 千字
版　　　次	2024 年 2 月第 1 版　2024 年 2 月第 1 次印刷
定　　　价	**58.00 元**

前　言

　　每当发生重大自然灾害时，党中央、国务院总是第一时间对救灾工作作出重要指示。"迅速组织力量救灾，全力以赴抢救伤员""全力组织搜救被埋人员，尽最大努力减少人员伤亡""把救人放在第一位，努力减少人员伤亡"……从这些重要指示中，人们感受到党中央、国务院对受灾群众安危冷暖深深的牵挂。民心是最大的政治，民安是最大的责任。近年来，国家领导人多次深入灾区考察调研，看望慰问受灾群众，实地察看恢复重建情况。一幕幕暖心画面，一声声殷殷嘱托，贯穿始终的是"人民至上、生命至上"的价值理念。

　　党的十八大以来，以习近平总书记为核心的党中央高度重视防灾减灾救灾工作。习近平总书记多次在不同场合就防灾减灾救灾工作发表重要讲话或作出重要指示，多次深入灾区考察，始终把人民群众的生命安全放在第一位。2018 年 10 月 10 日，习近平总书记主持召开中央财经委员会第三次会议，着重讨论了提升我国自然灾害防治能力的问题。他强调，自然灾害防治工作事关国家发展和民生福祉，需要构建一个高效科学的体系来提升全社会的防治能力，以保障人民生命财产安全和国家安全。

　　实施灾害综合风险普查是贯彻落实习近平总书记关于防灾减灾救灾和自然灾害防治工作指示精神的重要实践，也是提高自然灾害防治能力的关键措施之一。这项工作旨在全面、细致地了解全国各种灾害的风险情况，提前采取防治措施，最大限度地减轻灾害对人民生命财产的威胁。房屋建筑作为自然灾害的主要承灾体，其调查工作也至关重要。通过对房屋建筑进行逐栋定位、标绘轮廓以及采集相关灾害风险属性信息，如建筑基本情况、使用状况、抗震设防情况等，可以实现空间位置与属性信息的一一对应。通过风险评估，可以更客观地认识房屋建筑的灾害风险，为灾害管理和风险防范提供科学依据。

本书以《第一次全国自然灾害综合风险普查实施方案（修订版）》（国灾险普办发〔2021〕6号）、《第一次全国自然灾害综合风险普查房屋建筑和市政设施调查实施方案》（建办质函〔2021〕248号）、《第一次全国自然灾害综合风险普查技术规范 城镇房屋建筑调查技术导则》、《第一次全国自然灾害综合风险普查技术规范 农村房屋建筑调查技术导则》等文件为指导，开展海淀区房屋建筑承灾体调查工作，通过组织开展房屋建筑承灾体调查，摸清海淀区行政辖区内灾害风险隐患底数，结合海淀区房屋管理的实际需求，掌握翔实准确的海淀区房屋建筑承灾体空间分布及灾害属性特征，掌握受自然灾害影响的人口数量、抗震设防水平等底数信息。查明重点区域抗灾能力，建立房屋建筑承灾体调查成果数据库，客观认识海淀区灾害综合风险水平，为国家和北京市、海淀区各级政府有效开展自然灾害防治和应急管理工作、切实保障社会经济可持续发展提供权威的灾害风险信息和科学决策依据。

根据国务院第一次全国自然灾害综合风险普查领导小组办公室的部署和实际，我们组织北京地区相关行业专家编写了《北京市海淀区房屋建筑承灾体调查百问百答》。本书力求通俗易懂，希望本书的出版，让广大读者和百姓了解房屋建筑承灾体调查的相关知识，突出北京市海淀区房屋建筑承灾体调查工作的特色，也可以把它当做一本非常有意义的科普读物，引导社会各界了解、认同、配合、支持海淀区房屋建筑承灾体调查工作。

本书共计七个部分，第一部分介绍了全国房屋建筑承灾体调查概况；第二部分介绍了海淀区房屋建筑承灾体调查概况；第三部分介绍了海淀区房屋建筑承灾体调查组织实施方案；第四部分介绍了海淀区房屋建筑承灾体调查技术实施方案；第五部分介绍了海淀区房屋建筑承灾体调查软件研发方案；第六部分介绍了海淀区房屋建筑承灾体调查技术问答；第七部分介绍了海淀区房屋建筑承灾体调查质量检查方案。

在本书编写过程中，查阅和引用了国内外相关自然灾害普查相关资料，在此表示感谢！

　　本书在编写过程中得到了国家应急灾害相关部门、国家住房和城乡建设部门、北京市应急管理局、北京市住房和城乡建设委员会及海淀区房屋管理局等相关专家的帮助和指导，得到了北京市房屋建筑承灾体调查承担和参与单位及同行的大力支持以及北京市测绘设计研究院相关技术人员的支持，同时许多房屋建筑和测绘地理信息行业专家学者在本书出版过程中提出了大量宝贵意见，在此一并表示衷心的谢意！

　　由于编者水平有限，编写时间仓促，书中难免存在一些缺陷或不妥之处，敬请读者批评指正，提出宝贵意见，以便我们在后续进一步修改、完善本书内容。

作者

2023 年 12 月

第一部分
全国房屋建筑承灾体调查概况

1.1 什么是全国自然灾害综合风险普查？

全国自然灾害综合风险普查，是一项重大的国情、国力调查，是提升自然灾害防治能力的基础性工作。根据我国自然灾害种类的分布、影响程度和特征，自然灾害综合风险普查涉及的自然灾害类型主要有地震灾害、地质灾害、气象灾害、水旱灾害、海洋灾害、森林和草原火灾等。普查对象包括与自然灾害相关的自然和人文地理要素，市、区两级人民政府及有关部门，乡镇人民政府和街道办事处，村民委员会和居民委员会，重点企事业单位和社会组织，部分居民等。普查内容包括主要自然灾害致灾调查与评估，人口、房屋、基础设施、公共服务系统、三次产业、资源和环境等承灾体调查与评估，历史灾害调查与评估，综合减灾资源（能力）调查与评估，重点隐患调查与评估，主要灾害风险评估与区划以及灾害综合风险评估与区划。第一次全国自然灾害综合风险普查2020—2022标志如图1-1所示。

图1-1 第一次全国自然灾害综合风险普查2020—2022标志

1.2 实施全国自然灾害综合风险普查的背景是什么?

2018 年 10 月 10 日,中共中央总书记习近平主持召开中央财经委员会第三次会议,对提高自然灾害防治能力进行专项部署,针对关键领域和薄弱环节,明确提出要推动建设九项重点工程,其中,"灾害风险调查和重点隐患排查工程"位列九项重点工程之首。根据中共中央办公厅分工安排,中华人民共和国应急管理部(以下简称"应急管理部")牵头组织实施灾害风险调查和重点隐患排查工程。中华人民共和国住房和城乡建设部(以下简称"住房城乡建设部")为主要参与单位之一,主要负责房屋建筑和市政设施承灾体的调查工作。

实施灾害综合风险普查是深入学习贯彻习近平总书记关于防灾减灾救灾和自然灾害防治工作重要论述的具体行动,是提高自然灾害防治能力的九项重点工程建设任务之一,是落实综合防灾减灾救灾与提高应急能力的重要举措,是全面、细致地摸清全国各种灾害的风险底数,最大限度减轻灾害对人民生命财产威胁的重要保障,是解决基层防灾减灾能力薄弱、基础设施设防水平低、公众防灾避险和自救互救知识不足等基层综合减灾工作面临突出问题的重要途径,是实现经济可持续发展和国家长治久安的重要保障。

1.3 什么是第一次全国自然灾害综合风险普查房屋建筑承灾体调查?

承灾体是指直接受到灾害影响和损害的人类社会主体,主要包括人类本身和社会发展的各个方面,如工业、农业、能源、建筑业、交通、通信、教育、文化、娱乐、各种减灾工程设施、生产和生活服务设施,以及人们所积累起来的各类财富等。

依据《第一次全国自然灾害综合风险普查实施方案(修订版)》(国灾险普办发〔2021〕6 号)(以下简称《普查实施方案》)、《第一次全国自然灾害综合风险普查房屋建筑和市政设施调查实施方案》（建办质函〔2021〕248号）（以下简称《调查实施方案》），第一次全国自然灾害综合风险普查房屋建筑承灾体调查（以下简称"全国房屋建筑承灾体调查"）是指以高分辨率卫星影像数据为底图，提取全国范围房屋建筑单体矢量数据，作为房屋建筑实地调查的基础底图数据，利用外业调查软件App，开展房屋建筑的用途、建筑面积、结构类型、层数、设防情况等信息调查，在App外业调查软件移动端填报调查信息，形成满足应急管理要求的房屋建筑调查成果。

1.4　实施全国房屋建筑承灾体调查的目的是什么？

依据《普查实施方案》《调查实施方案》，此次调查目的是掌握翔实准确的全国房屋建筑承灾体空间分布及灾害属性特征，掌握受自然灾害影响的人口和财富的数量、价值、设防水平等底数信息，建立承灾体调查成果数据库。最终为非常态应急管理、常态灾害风险分析和防灾减灾、空间发展规划、生态文明建设等各项工作提供基础数据和科学决策依据。

1.5　全国房屋建筑承灾体调查的标准时点是什么？

按照《普查实施方案》要求，全国房屋建筑承灾体调查的标准时点是2020年12月31日。

1.6　全国房屋建筑承灾体调查的对象是什么？

依据《调查实施方案》，全国房屋建筑承灾体调查的对象是指标准时点在中华人民共和国境内（不含港澳台地区）实际存在的房屋建筑。其中，房屋建筑包括所有城镇房屋建筑（分为住宅和非住宅）和所有农村房屋建筑（分为住宅和非住宅）。

1.7 全国房屋建筑承灾体调查内容包括什么?

依据《调查实施方案》,全国房屋建筑承灾体调查内容包括:城镇和农村房屋建筑的基本信息、建筑信息、使用信息和抗震设防情况等。

1.8 全国房屋建筑承灾体调查信息采集表分为哪几类?具体包括哪些内容?

依据《第一次全国自然灾害综合风险普查技术规范 城镇房屋建筑调查技术导则》(FXPC/ZJ G‑02)(以下简称《城镇房屋建筑调查技术导则》)、《第一次全国自然灾害综合风险普查技术规范 农村房屋建筑调查技术导则》(FXPC/ZJ G‑03)(以下简称《农村房屋建筑调查技术导则》),全国房屋建筑承灾体调查信息采集表包括城镇住宅建筑调查信息采集表、城镇非住宅建筑调查信息采集表、农村住宅建筑调查信息采集表(独立住宅)、农村住宅建筑调查信息采集表(集合住宅)、农村非住宅建筑调查信息采集表,分别见表1‑1、表1‑2、表1‑3、表1‑4、表1‑5。

表1‑1 城镇住宅建筑调查信息采集表

第一部分:基本信息				
1.1 小区名称			1.2 建筑名称	
1.3 产权单位			1.4 套数	
1.5 建筑地址 (在底图选取定位)	_____ 省(市、区) _____ 市(州、盟) _____ 县(市、区、旗) _____ 街道(镇) _____ 社区 _____ 路(街、巷) _____ 号 _____ 栋			
1.6 产权登记	□是 □否			
第二部分:建筑信息				
2.1 建筑概况	2.1.1 建筑层数	地上___层,地下___层	2.1.2 建筑高度	____米
	2.1.3 建筑面积	_____平方米	2.1.4 建造时间	____年

续表

2.2　结构类型	□砌体结构（□底部框架-抗震墙结构砌体结构　□其他） □钢筋混凝土结构　□钢结构　□木结构　□其他_____			
2.3　是否采用减隔震	□减震　□隔震　□未采用			
2.4　是否保护性建筑	□否　□全国重点文物保护建筑　□省级文物保护建筑 □市县级文物保护建筑　□历史建筑			
2.5　是否专业设计建造	□是　□否			
第三部分：抗震设防基本信息（注：该部分内容通过软件后台填写）				
第四部分：使用情况				
4.1　变形损伤	有无明显裂缝、倾斜、变形等		□有　□无	
4.2　改造情况	4.2.1　是否进行过改造	□是　□否	4.2.2　改造时间	___年
4.3　抗震加固	4.3.1　是否进行过抗震加固	□是　□否	4.3.2　抗震加固时间	___年
4.4　物业管理	有无物业管理		□有　□无	
信息采集人		单位	日期	

表 1－2　　　　城镇非住宅建筑调查信息采集表

第一部分：基本信息				
1.1　单位名称		1.2　建筑名称		
1.3　产权单位（产权人）				
1.4　建筑地址 （在底图选取定位）	_____省（市、区）_____市（州、盟） _____县（市、区、旗）_____街道（镇） _____社区_____路（街、巷）_____号_____栋			
1.5　产权登记	□是　□否			
第二部分：建筑信息				
2.1　建筑概况	2.1.1　建筑层数	地上___层，地下___层	2.1.2　建筑高度	___米
	2.1.3　建筑面积	_____平方米	2.1.4　建造时间	___年

2.2 结构类型	□砌体结构（若中小学幼儿园等教育建筑＼医疗建筑＼福利院建筑＼养老建筑＼救灾建筑＼基础设施建筑＼大型商业建筑、文化、体育建筑：□底部框架-抗震墙结构　□内框架结构　□其他） □钢筋混凝土结构（若中小学幼儿园教育建筑＼医疗建筑＼福利院建筑＼养老建筑＼救灾建筑＼基础设施建筑＼大型商业建筑、文化、体育建筑：□单跨框架　□非单跨框架） □钢结构　□木结构　□其他＿＿＿＿＿＿			
2.3 建筑用途	□中小学幼儿园教学楼宿舍楼等教育建筑　□其他学校建筑 □医疗建筑　□福利院　□养老建筑 □办公建筑（□科研实验楼　□其他） □疾控、消防等救灾建筑 □商业建筑（□金融（银行）建筑　□商场建筑　□酒店旅馆建筑 □餐饮建筑　□其他） □文化建筑（□剧院电影院音乐厅礼堂　□图书馆文化馆　□博物馆展览馆　□档案馆　□其他） □体育建筑　□通信电力交通邮电广播电视等基础设施建筑 □纪念建筑　□宗教建筑 □综合建筑（□住宅和商业综合　□办公和商业综合　□其他） □工业建筑　□仓储建筑　□其他＿＿＿＿＿＿			
2.4 是否采用减隔震	□减震　□隔震　□未采用			
2.5 是否保护性建筑	□否　□全国重点文物保护建筑　□省级文物保护建筑 □市县级文物保护建筑　□历史建筑			
2.6 是否专业设计建造	□是　□否			
第三部分：抗震设防基本信息（注：该部分内容通过软件后台填写）				
第四部分：使用情况				
4.1 变形损伤	有无明显裂缝、倾斜、变形等			□有　□无
4.2 改造情况	4.2.1 是否进行过改造	□是　□否	4.2.2 改造时间	＿＿＿年
4.3 抗震加固	4.3.1 是否进行过抗震加固	□是　□否	4.3.2 抗震加固时间	＿＿＿年
信息采集人		单位	日期	

表 1 – 3　　农村住宅建筑调查信息采集表（独立住宅）

第一部分：基本信息		
1.1　建筑地址	_____ 省（市、区）_____ 市（州、盟） _____ 县（市、区、旗）_____ 乡（镇、街道） _____ 村（社区）____ 组 _____ 路（街巷）____ 号	
1.2　户主姓名		□产权人　□使用人
第二部分：建筑信息		
2.1　建筑层数	_____ 层	2.2　建筑面积　____ 平方米
2.3　建造年代	□1980 年及以前　□1981—1990 年　□1991—2000 年 □2001—2010 年　□2011—2015 年　□2016 年及以后	
2.4　结构类型	□砖石结构　□土木结构　□混杂结构　□窑洞　□钢筋混凝土结构 □钢结构　□其他_____	
2.5　建造方式	□自行建造　□建筑工匠建造　□有资质的施工队伍建造 □其他_____	
2.6　安全鉴定	2.6.1　是否经过安全鉴定　□是　□否	2.6.2　鉴定时间　____ 年
	2.6.3　鉴定或评定结论　□A 级　□B 级　□C 级　□D 级 □安全　□不安全	

第三部分：抗震设防信息			
3.1　专业设计	是否进行专业设计	□是　□否	
3.2　抗震构造措施	3.2.1　是否采取抗震构造措施	□是　□否	
	3.2.2　抗震构造措施（可多选）	□圈梁　□构造柱　□其他_____	
3.3　抗震加固	3.3.1　是否进行过抗震加固	□是　□否	3.3.2　抗震加固时间　____ 年
3.4　变形损伤	有无明显墙体裂缝、屋面塌陷、 墙柱倾斜、地基沉降等	□有　□无	

第四部分：房屋照片					
房屋外观、抗震构造措施和变形损伤部位照片					
信息采集人		单位		日期	

表1-4　　农村住宅建筑调查信息采集表（集合住宅）

第一部分：基本信息			
1.1　建筑地址	_____省（市、区）　_____市（州、盟） _____县（市、区、旗）　_____乡（镇、街道） _____村（社区）____组　_____路（街巷）____号		
1.2　建筑（小区）名称		1.3　楼栋号或名称	
1.4　住宅套数			
第二部分：建筑信息			
2.1　建筑层数	_____层	2.2　建筑面积	_____平方米
2.3　建造年代	□1980年及以前　□1981—1990年　□1991—2000年 □2001—2010年　□2011—2015年　□2016年及以后		
2.4　结构类型	□砖石结构　□钢筋混凝土结构　□钢结构　□其他_____		
第三部分：抗震设防信息			
3.1　抗震加固	3.1.1　是否进行过抗震加固	□是　□否	3.1.2　抗震加固时间
3.2　变形损伤	有无明显墙体裂缝、屋面塌陷、墙柱倾斜、地基沉降等	□有　□无	
第四部分：房屋照片 房屋外观、变形损伤部位照片			
信息采集人		单位	日期

注：3.1.2抗震加固时间栏填写"____年"

表1-5　　　　农村非住宅建筑调查信息采集表

第一部分：基本信息		
1.1　建筑地址	_____省（市、区）　_____市（州、盟） _____县（市、区、旗）　_____乡（镇、街道） _____村（社区）____组　_____路（街巷）____号	
1.2　房屋或单位名称		
1.3　姓名或机构名称		□产权人　□使用人
第二部分：建筑信息		
2.1　建筑层数	_____层	2.2　建筑面积　_____平方米
2.3　建造年代	□1980年及以前　□1981—1990年　□1991—2000年 □2001—2010年　□2011—2015年　□2016年及以后	

2.4	结构类型	□砖石结构 □土木结构 □混杂结构 □窑洞 □钢筋混凝土结构 □钢结构 □其他_____			
2.5	建造方式	□自行建造 □建筑工匠建造 □有资质的施工队伍建造 □其他_____			
2.6	建筑用途	□教育设施（□中小学幼儿园教学用房及学生宿舍、食堂 上述功能请勾选） □医疗卫生（□具有外科手术室或急诊科的乡镇卫生院医疗用房 上述功能请勾选） □行政办公 □文化设施 □养老服务 □批发零售 □餐饮服务 □住宿宾馆 □休闲娱乐 □宗教场所 □农贸市场 □生产加工 □仓储物流 □其他____ （可多选）			
2.7	安全鉴定	2.7.1 是否经过安全鉴定	□是 □否	2.7.2 鉴定时间	____年
		2.7.3 鉴定或评定结论	□A级 □B级 □C级 □D级 □安全 □不安全		
第三部分：抗震设防信息					
3.1	专业设计	是否进行专业设计	□是 □否		
3.2	抗震构造措施	3.2.1 是否采取抗震构造措施	□是 □否		
		3.2.2 抗震构造措施（可多选）	□圈梁 □构造柱 □其他_____		
3.3	抗震加固	3.3.1 是否进行过抗震加固	□是 □否	3.3.2 抗震加固时间	____年
3.4	变形损伤	有无明显墙体裂缝、屋面塌陷、墙柱倾斜、地基沉降等	□有 □无		
第四部分：房屋照片 房屋外观、抗震构造措施和变形损伤部位照片					
信息采集人		单位		日期	

原则上依据所在土地的权属性质，使用城镇或农村房屋建筑调查信息采集表，国有土地上的房屋建筑填写城镇房屋建筑调查信息采集表，集体土地上的房屋建筑填写农村房屋建筑调查信息采集表。已经征收为国有土地但地上附着的房屋建筑仍为征收前自建的，填写城镇房屋建筑调查信息采集表，但需明确判断是否经过专业设计建造。表格的使用不代表对房屋性质的认定。

第二部分

海淀区房屋建筑承灾体调查概况

2.9 调查项目来源是什么?

此次调查项目来源于国家计划:《国务院办公厅关于开展第一次全国自然灾害综合风险普查的通知》(国办发〔2020〕12 号)、《全国灾害综合风险普查总体方案》(国减办发〔2019〕17 号);部委计划:《第一次全国自然灾害综合风险普查房屋建筑和市政设施调查实施方案》(建办质函〔2021〕248 号);北京市计划:《北京市人民政府办公厅关于开展第一次全国自然灾害综合风险普查的通知》(京政办发〔2020〕23 号)。在项目执行过程中,应严格执行国家和北京市的各项工作规范,在满足国家、北京市各项要求基础上,融入海淀区精细化房屋管理需求,最终形成一套既能满足国家、北京市要求,也能满足海淀区要求的房屋建筑承灾体调查数据成果。

2.10 调查目的是什么?

此次调查目的是摸清海淀区行政辖区内灾害风险隐患底数,结合海淀区房屋管理的实际需求,掌握翔实准确的海淀区房屋建筑承灾体空间分布及灾害属性特征,掌握受自然灾害影响的人口数量、抗震设防水平等底数信息;查明重点区域抗灾能力,建立房屋建筑承灾体调查成果数据库,客观认识海淀区灾害综合风险水平,为国家、北京市和海淀区各级政府有效开展自然灾害防治和应急管理工作、切实保障社会经济可持续发展提供权威的灾害风险信息和科学决策依据。

2.11　调查区整体房屋建筑现状如何？

依据 2020 年北京市地理国情监测成果数据，海淀区现有单体建筑约 20 万栋。城镇房屋与农村房屋数量基本相当。其中，城镇房屋主要分布在海淀区南部、东南部区域；农村房屋主要分布在海淀区北部、西北部区域。

2.12　调查单元是什么？

此次的调查单元是单体建筑。单体建筑是相对于建筑群而言的，建筑群中每一个独立的建筑物均可称为单体建筑。一般指上有屋顶，周围有墙，能防风避雨、御寒保温，供人们在其中工作、生活、学习、娱乐和储藏物资，并具有固定基础，层高一般在 2.2 米以上的永久性场所。

2.13　调查可使用的现有资料有哪些？

此次调查可使用的现有资料有 2020 年海淀区既有房屋建筑底账数据、海淀区既有大平台数据、地理国情监测数据、海淀区"一张图"数据、遥感影像数据、土地利用性质数据、行政区划数据、文物保护区数据等。

2.14　调查包括哪些内容？

此次调查内容包括基本信息、建筑信息、抗震设防信息、使用信息等。不同的调查主体类型对应不同的属性信息，具体属性信息详见数据采集表（表 2-1～表 2-4）。

城镇住宅建筑调查信息采集表

表 2－1

第一部分：基本信息

1.1	小区名称（必填）		
1.2	建筑名称（必填）	1.3 所属社区名称（必填）	1.4 是否产权登记（必填） □是 □否
1.5	产权类别（可多选）（非必填）	□业主共有 □央产 □市属单位 □区属单位 □镇属单位 □私有产权　□外市单位 □涉外产权 □军产 □厂矿工业用房 □区属直管公房 □企业产权	
1.6	产权单位（产权人）（非必填）	1.7 套数（必填）	
1.8	建筑地址_路（街、巷）（必填）（在底图选取定位）	省（自治区、直辖市）___市（州、盟）___县（市、区、旗）___街道（镇）___社区___ 建筑地址 _栋（必填）	
1.8.1	建筑地址_路（街、巷）（必填）	1.8.2 建筑地址_号（必填）___号___栋	1.8.3 建筑地址_栋（必填）

第二部分：建筑信息

2.1	建筑物类别（必填）	□楼房 □平房	
2.2	建筑概况	2.2.1 建筑层数（必填）地上___层，地下___层	2.2.2 建筑高度（必填）___米
		2.2.3 调查面积（必填）___平方米	2.2.3.1 地上建筑面积（非必填）___平方米
			2.2.3.2 地下建筑面积（非必填）___平方米
		2.2.4 建成时间（必填）___年	
2.3	结构类型（必填）	□砌体结构（□底部框架－抗震墙砌体结构 □其他） □钢筋混凝土结构 □钢结构 □木结构 □其他	
2.4	是否采用减隔震（必填）	□减震 □隔震 □未采用 □减震、隔震	
2.5	是否保护性建筑（必填）	□否 □全国重点文物保护建筑 □省级文物保护建筑 □市县级文物保护建筑 □历史建筑	
2.6	是否专业设计建造（必填） □是 □否	2.7 是否是危房（根据台账填写）	2.8 是否是简易楼（根据台账填写）
		2.9 是否是筒子楼（根据台账填写）	2.10 是否是平改坡（根据台账填写）

续表

第三部分：抗震设防基本信息（注：该部分内容通过软件后台填写）

第四部分：使用情况

4.1 变形损伤	有无肉眼可见明显裂缝、变形、倾斜（必填）		□有　□无			
4.2 改造情况	4.2.1 是否进行过改造（必填）	□是　□否	4.2.2 改造时间（非必填）	——年		
4.3 抗震加固	4.3.1 是否进行过抗震加固（必填）	□是　□否	4.3.2 加固时间（非必填）	——年		
4.4 节能保温	4.4.1 是否进行过节能保温（必填）	□是　□否	4.4.2 节能保温时间（非必填）	——年		
4.5 三供一业情况	4.5.1 是否完成三供一业（央产）交接市属非经济资产类移交（非必填）	□是　□否	4.5.2 交接时间（非必填）	——年	4.5.3 原物业管理单位（非必填）	
4.6 物业管理	4.6.1 有无物业管理（必填）	□有　□无	4.6.2 物业是否存在分楼层/分单元管理（非必填）	□是　□否		
4.7 管理单位类型（必填）	□物业企业（物业服务企业、统管房屋）□城镇私有平房 □居民自管 □街镇兜底		□直管公房（市、区级共有房屋）□单位自管（非经资产、学校、医院、军休所、办公区、其他）			
4.8 管理单位名称（必填）						
4.9 管理负责人姓名（必填）			4.10 管理负责人电话（必填）			
采集数据来源（必填）	□居委会 □村委会 □竣工图纸 □物业 □其他					
调查人	联系电话（必填）		调查人组织（必填）		调查时间	

第五部分：质检情况

5.1 一级检查（内业情况）	5.2 一级检查员	5.3 一级检查员	5.4 一级检查复核确认
5.5 二级内业检查情况	5.6 二级内业检查员	5.7 二级内业检查日期	5.8 二级内业检查复核确认
5.9 二级外业检查情况	5.10 二级外业检查员	5.11 二级外业检查日期	5.12 二级外业检查复核确认
5.13 录入人检查情况	5.14 录入人检查员	5.15 录入日期	5.16 内业录入二级检查情况
5.17 内业录入二级检查员	5.18 内业录入一级检查员	5.19 内业录入复核确认	

城镇非住宅建筑调查信息采集表

表 2-2

第一部分：基本信息

1.1 单位名称（必填）	1.2 建筑名称（必填）	1.3 所属社区名称（必填）	1.4 是否产权登记（必填） □是 □否

1.5 产权类别（可多选）（非必填）
□业主共有 □央产 □市属单位 □镇属单位 □区属直管公房 □企业产权 □私有产权
□外市单位 □涉外产权 □军产 □矿工业用房

1.6 产权单位（产权人）（非必填）

1.7 套数（非必填）

1.8 是否有玻璃幕墙（必填）□是 □否	1.8.1 玻璃幕墙类型 □构件式 □单元式 □点支撑 □全玻璃幕墙
1.8.2 玻璃幕墙面积（非必填）＿＿平方米	1.8.3 竣工时间（非必填）＿＿年	1.8.4 设计使用年限（非必填）＿＿年
1.8.5 是否进行定期巡检（非必填）□是 □否	1.8.5.1 玻璃是否存在破裂（非必填）□是 □否

1.8.5.2 开启扇是否配件齐全、安装牢固，无松动、锈蚀、脱落，开关灵活（非必填）□是 □否
1.8.5.3 受力构件是否连接牢固（非必填）□是 □否
1.8.5.4 结构胶是否存在与基础无分离、干硬、龟裂、粉化（非必填）□是 □否

1.9 建筑地址（在底图选取定位）（必填）
1.9.1 建筑地址＿＿路（街、巷）（必填）
　省（自治区、直辖市）＿＿市（州、盟）＿＿县（市、区、旗）＿＿街道（镇）＿＿社区（街、巷）
1.9.2 建筑地址＿＿号（必填）
1.9.3 建筑地址＿＿栋（必填）

第二部分：建筑信息

2.1 建筑物类别（必填）

2.2 建筑概况	2.2.1 建筑层数（必填）地上＿＿层，地下＿＿层	2.2.2 建筑高度（必填）＿＿米
	2.2.3 调查面积（必填）＿＿平方米	2.2.3.1 地上建筑面积（非必填）＿＿平方米	2.2.3.2 地下建筑面积（非必填）＿＿平方米	2.2.4 建成时间（必填）＿＿年

2.3 结构类型（必填）
□砌体结构 □底部框架结构 □内框架结构 □钢筋混凝土结构 □钢结构 □木结构
建筑：□单跨框架 □非单跨框架 □其他
（若中小学幼儿园等教育建筑、医疗建筑、福利院建筑、养老建筑、救灾建筑、基础设施建筑、大型商业建筑、文化、体育建筑；若中小学抗震墙结构、医疗建筑、养老建筑、福利院建筑、基础设施建筑、大型商业建筑、文化、体育建筑）

2.4 建筑用途（必填）	□中小学幼儿园教学楼宿舍楼等教育建筑 □其他学校建筑 □医疗建筑 □福利院 □养老建筑 □办公建筑（□科研实验楼 □其他） □文化建筑 □疾控、消防、音乐厅礼堂等救灾建筑 □商业建筑 □金融（银行）建筑 □图书馆文化馆 □商场建筑 □酒店旅馆建筑 □餐业建筑 □住宅和商业综合 □体育建筑 □电影院 □通信电力交通邮电广播电视等基础设施建筑 □博物馆展览馆 □档案馆 □其他 合 □其他） □工业建筑 □仓储建筑 □纪念建筑 □宗教建筑 □综合建筑 □办公和商业综合
2.5 是否采用减震隔震（必填）	□减震 □隔震 □未采用 □减震、隔震 □隔震
2.6 是否保护性建筑（必填）	□是 □否 □全国重点文物保护建筑 □市县级文物保护建筑 □历史建筑 □省级文物保护建筑
2.7 是否专业设计建造（必填）	□是 □否

2.8 是否危房（根据台账填写）	2.9 是否简易楼（根据台账填写）	2.10 是否筒子楼（根据台账填写）	2.11 是否平改坡（根据台账填写）

第三部分：抗震设防基本信息（注：该部分内容通过软件后台填写）

第四部分：使用情况

4.1 变形损伤	有无肉眼可见明显裂缝、变形、倾斜（必填）	□有 □无		
4.2 改造情况	4.2.1 是否进行过改造（必填） □是 □否	4.2.2 改造时间（非必填）＿＿年		
4.3 抗震加固	4.3.1 是否进行过抗震加固（必填） □是 □否	4.3.2 加固时间（非必填）＿＿年		
4.4 节能保温	4.4.1 是否进行过节能保温（必填） □是 □否	4.4.2 节能保温时间（非必填）＿＿年		
4.5 物业管理	4.5.1 有无物业管理（必填） □有 □无	4.5.2 物业是否存在分楼层/分单元管理（非必填） □是 □否		

4.6 管理单位类型（必填）	□物业企业 □物业服务企业、统管房屋 □直管公房（市、区级共有产房屋） □单位自管 □非经营资产、学校、医院、军休所、办公区、其他 □城镇私有平房 □居民自管 □街镇兜底

4.7 管理单位名称（必填）	4.8 管理负责人姓名（必填）	4.9 管理负责人电话（必填）	

采集数据来源（必填）	□物业 □居委会 □村委会 □镇政府 □其他＿＿

调查人	联系电话（必填）	调查人组织	调查时间

第五部分：质检情况

内外业情况	检查员	检查日期	复核确认
5.1 一级检查（内外业情况）	5.2 一级检查员	5.3 一级检查复核日期	5.4 一级检查复核确认
5.5 二级内业检查情况	5.6 二级内业检查员	5.7 二级内业检查日期	5.8 二级内业检查复核确认
5.9 二级外业检查情况	5.10 二级外业检查员	5.11 二级外业检查日期	5.12 二级外业检查复核确认
5.13 录入内业检查情况	5.14 录入人检查员	5.15 录入人日期	5.16 内业录入二级检查复核确认
5.17 内业录入二级检查员	5.18 内业录入二级检查员	5.19 内业录入二级复核确认	

表2－3　农村住宅建筑调查信息采集表（独立住宅）

第一部分：基本信息

1.1	建筑地址（在底图选取定位）（必填）	___省（市、区）___市（州、盟）___县（市、区、旗）___乡（镇、街道）___村（社区）___组___路（街、巷）___号
1.1.1	建筑地址_组（必填）	
1.1.2	建筑地址_路（街、巷）___号	1.1.3 建筑地址_号（必填）
1.2	户主姓名（必填）	
1.3	户主类型（必填）	□产权人　□使用人

第二部分：建筑信息

2.1	建筑物类别（必填）	□楼房　□平房	
2.2	建筑层数（必填）	地上___层，地下___层	
2.3	调查面积（必填）	___平方米	
2.4	建造年代（必填）	□1980年及以前　□1981—1990年　□1991—2000年　□2001—2010年　□2011—2015年　□2016年及以后	
2.5	结构类型（必填）	□砖石结构　□土木结构　□混杂结构　□砖木结构　□钢筋混凝土结构　□钢结构　□其他___	
2.5.1	承重墙体（非必填）	□砖　□砌块　□石	
2.5.2	楼屋盖（可多选）（非必填）	□预制板　□现浇板　□木或轻钢楼层盖　□石板或石条	
2.5.3	是否底部框架砌体结构（非必填）	□是　□否	
2.5.4		□生土结构　□木（竹）结构　□土木结构	
2.6	建造方式（必填）	□自行建造　□建筑工匠建造　□有资质的施工队伍建造　□其他	
2.7	安全鉴定		
2.7.1	是否经过安全鉴定（必填）	□是　□否	
2.7.2	鉴定时间（非必填）	___年	
2.7.3	鉴定或评定结论（非必填）	□A级　□B级　□C级　□D级	
2.7.4	鉴定或评定结论（是否安全）（非必填）	□安全　□不安全	
2.8	是否是危房（根据台账填写）	2.9 是否是简易楼（根据台账填写）	2.10 是否是筒子楼（根据台账填写）　2.11 是否是平改坡（根据台账填写）

第三部分：抗震设防信息

3.1	专业设计	是否进行专业设计（必填）	□是　□否
3.2	抗震构造措施	3.2.1 是否采取抗震构造措施（必填）	□是　□否
		3.2.2 抗震构造措施（可多选）	□圈梁　□构造柱　□现浇钢筋混凝土楼、屋盖　□木楼、屋盖房屋横墙间距不大于三开间　□基础地圈梁　□门窗同墙宽度不小于900mm　□木屋盖设有剪刀撑　□木楼盖与墙体有拉结措施

续表

3.3	抗震加固	3.3.1 是否进行过抗震加固（必填）	□是 □否	3.3.2 加固时间（非必填）	___年 □有 □无
3.4	变形损伤	有无明显墙体裂缝、屋面塌陷、墙柱倾斜、地基沉降等（必填）			
采集数据来源（必填）	□物业 □居委会 □村委会 □竣工图纸 □其他___				

第四部分：房屋照片（房屋外观、抗震构造措施和变形损伤部位照片）（必填）

调查人		联系电话		调查人组织（必填）		调查时间	

第五部分：质检情况

5.1	一级检查（内外业情况）	5.2	一级检查员	5.3	一级检查日期	5.4	一级检查复核确认
5.5	二级内业检查情况	5.6	二级内业检查员	5.7	二级内业检查日期	5.8	二级内业复核确认
5.9	二级外业检查情况	5.10	二级外业检查员	5.11	二级外业检查日期	5.12	二级外业复核确认
5.13	内业录入检查情况	5.14	录入检查员	5.15	录入日期	5.16	内业录入二级检查情况
5.17	内业录入二级检查员	5.18	内业录入二级检查日期	5.19	内业录入复核确认		

表2-4 农村住宅建筑调查信息采集表（集合住宅）

第一部分：基本信息

1.1	建筑地址（在底图选取定位）（必填）	省（市、区）___市（州、盟）___县（市、区、旗）___乡（镇、街道）___村（社区）___路（街、巷）___组___号___		
1.1.1	建筑地址_组（必填）	1.1.2 建筑地址_路（街、巷）___号___	1.1.3 建筑地址_号（必填）	
1.2	建筑（小区）名称（必填）	1.3 楼栋名称或别名称（必填）	1.4 住宅套数（必填）	
1.5	竣工时间（必填）	1.6 设计使用年限（必填）		
1.7	物业管理	有无物业管理（必填）	□有 □无	
1.8	管理单位类型（必填）	□物业服务企业（物业服务企业、统管房屋） □单位自管（非经资产、学校、医院、军休所、办公区、其他） □居民自管 □街镇兜底		
1.9	管理单位名称（必填）	1.10 管理负责人姓名（必填）	1.11 管理负责人电话（必填）	

第二部分：建筑信息

2.1	建筑物类别（必填）	□楼房 □平房	2.2 建筑层数（必填）	地上___层，地下___层	2.3 调查面积（必填）	___平方米

续表

项目	内容			
2.4 建造年代（必填）	□1980年及以前 □1981－1990年 □1991－2000年 □2001－2010年 □2011－2015年 □2016年及以后			
2.5 结构类型（可多选）（非必填）	□砖石结构 □钢筋混凝土结构 □钢结构	2.5.1 承重墙体（非必填）	□砖 □砌块 □石	
2.5.2 楼屋盖（可多选）（非必填）	□预制板 □现浇板 □木或轻钢屋架层盖	2.5.3 是否底部框架架砌体结构（非必填）	□是 □否	
2.6 建造方式（必填）	□自行建造 □建筑工匠建造 □有资质的施工队伍建造 □其他 ___			
2.7 安全鉴定	2.7.1 是否经过安全鉴定（必填）□是 □否	2.7.2 鉴定时间（非必填）___年		
	2.7.3 鉴定或评定结论（非必填）□A级 □B级 □C级 □D级	2.7.4 鉴定或评定结论（是否安全）（非必填）□安全 □不安全		
2.8 是否危房（根据台账填写）	2.9 是否是简易楼（根据台账填写）□是 □否	2.10 是否是筒子楼（根据台账填写）□是 □否	2.11 是否是平改坡（根据台账填写）□是 □否	

第三部分：抗震设防信息

项目	内容			
3.1 专业设计	是否进行专业设计（必填）□是 □否			
3.2 抗震构造措施	3.2.1 是否采取抗震构造措施（必填）□是 □否			
	3.2.2 抗震构造措施（可多选）□圈梁 □构造柱 □基础地圈梁 □现浇钢筋混凝土楼、屋盖 □木楼、屋盖房屋墙端距不大于三开间 □门窗间墙宽度小于900mm □木屋盖设有剪刀撑 □木屋盖与墙体有拉结措施			
3.3 抗震加固	3.3.1 是否进行过抗震加固（必填）□是 □否	3.3.2 加固时间（非必填）___年		
3.4 变形损伤	有无明显墙体裂缝、屋面塌陷、墙柱倾斜、地基沉降等（必填）□有 □无			
采集数据来源（必填）	□物业 □居委会 □村委会 □竣工图纸 □其他 ___			

第四部分：房屋照片（房屋外观、内外业情况、抗震构造措施和变形损伤部位照片）（必填）

第五部分：质检情况

调查人（必填）	联系电话	调查人组织	调查时间
5.1 一级检查（内业检查）	5.2 一级检查员	5.3 一级检查员	5.4 一级检查复核确认
5.5 二级内业检查情况	5.6 二级内业检查员	5.7 二级内业检查日期	5.8 二级内业检查复核确认
5.9 二级外业检查情况	5.10 二级外业检查员	5.11 二级外业检查日期	5.12 二级外业检查复核确认
5.13 录入情况	5.14 录入员	5.15 录入日期	5.16 内业录入复核确认
5.17 内业录入二级检查员	5.18 内业录入二级检查员	5.19 内业录入二级检查日期	

表2－5　农村非住宅建筑调查信息采集表

第一部分：基本信息

项目	内容
1.1 建筑地址（在底图选取定位）（必填）	省（市、区）___ 市（州、盟）___ 县（市、区、旗）___ 乡（镇、街道）___ 村（社区）___ 组___ 路（街、巷）___ 号（必填）
1.1.1 建筑地址___组___名称（必填）	1.1.2 建筑地址___路（街、巷）___号　　1.1.3 建筑地址___号（必填）
1.2 房屋或单位名称（必填）	
1.3 姓名或机构名称（非必填）	□产权人　□使用人
1.4 是否有玻璃幕墙（必填）	□是　□否
1.4.1 玻璃幕墙类型（非必填）	□构件式　□单元式　□点支撑　□全玻璃幕墙
1.4.2 玻璃幕墙面积（非必填）	___平方米
1.4.3 竣工时间（非必填）	___年
1.4.4 设计使用年限（非必填）	___年
1.4.5 是否进行定期巡检（非必填）	□是　□否
1.4.5.1 玻璃是否存在破裂（非必填）	□是　□否
1.4.5.2 开启窗是否配件齐全，安装牢固，无松动、锈蚀、脱落、开关灵活（非必填）	□是　□否
1.4.5.3 受力构件是否连接牢固（非必填）	□是　□否
1.4.5.4 结构胶是否存在与基础无分离、干硬、龟裂、粉化（非必填）	□是　□否
1.5 物业管理（必填）	有无物业管理　□有　□无
1.6 管理单位类型（必填）	□物业服务企业　□单位自管　□居民自管　□物业服务企业、统管房屋、非经资产、学校、医院、军休所、办公区、其他
1.7 管理单位名称（必填）	
1.8 管理负责人姓名（必填）	
1.9 管理负责人电话（必填）	

第二部分：建筑信息

项目	内容
2.1 建筑物类别（必填）	□楼房　□平房
2.2 建筑层数（必填）	地上___层，地下___层
2.3.1 地上建筑面积（非必填）	___平方米
2.3.2 地下建筑面积（非必填）	___平方米
2.3 调查面积（必填）	___平方米
2.4 建造年代（必填）	□1980年及以前　□1981—1990年　□1991—2000年　□2001—2010年　□2011—2015年　□2016年及以后
2.5 结构类型（必填）	□砖石结构　□土木结构　□混杂结构　□钢筋混凝土结构　□钢结构　□其他
2.5.1 承重墙体（非必填）	□砖　□砌块　□石
2.5.2 楼屋盖（可多选）（非必填）	□预制板　□现浇板　□承重轻钢钢楼板　□石板或石条
2.5.3 是否底部框架砌体结构（非必填）	□是　□否
2.5.4 土木结构	□生木结构　□木（竹）结构
2.6 建造方式（必填）	□自行建造　□建筑工匠建造　□有资质的施工队伍建造　□其他

续表

2.7	建筑用途（必填）	□教育设施（□中小学幼儿园教学用房及学生宿舍，食堂 上述功能请勾选）□医疗卫生（□具有外科手术室或急诊科的乡镇卫生院医疗用房 上述功能请勾选）□行政办公 □文化设施 □养老服务 □休闲娱乐 □宗教场所 □农贸市场 □生产加工 □仓储物流 □批发零售 □餐饮服务 □住宿宾馆 □其他____（可多选）		
2.8	安全鉴定	2.8.1 是否经过安全鉴定（必填）□是 □否	2.8.2 鉴定时间（非必填）____年	
		2.8.3 鉴定或评定结论（根据合账填写）□A级 □B级 □C级 □D级	2.8.4 鉴定或评定结论（是否安全）（非必填）□安全 □不安全	
2.9	是否是危房（根据合账填写）	2.10 是否是简易房（根据合账填写）	2.11 是否是筒子楼（根据合账填写）	2.12 是否平改坡（非必填）□有 □无

第三部分：抗震设防信息

3.1	专业设计	是否进行专业设计（必填）	□是 □否
3.2	抗震构造措施	3.2.1 是否采取抗震构造措施（必填）	□是 □否
		3.2.2 抗震构造措施（可多选）□圈梁 □构造柱 □基础地圈梁 □现浇钢筋混凝土楼、屋盖 □木楼、屋盖房屋墙端有拉结措施 □门窗间墙宽度不小于900mm □木屋盖设有剪刀撑 □木屋盖屋屋横墙端距不大于三开间	
3.3	抗震加固	3.3.1 是否进行抗震加固（必填）□是 □否	3.3.2 加固时间____年
3.4	变形损伤	有无明显墙体裂缝、屋面塌陷、墙柱倾斜、地基沉降等（必填）	□有 □无

采集数据来源（必填）□物业 □居委会 □村委会 □竣工图纸 □其他____

第四部分：房屋照片（房屋外观、抗震构造措施和变形损伤部位照片）（必填）

调查人（必填）		调查人组织（必填）□物业 □居委会 □村委会	联系电话	调查时间

第五部分：质检情况

5.1 一级检查（内业情况）	5.2 一级检查员	5.3 一级检查员	5.4 一级复核确认
5.5 二级内业检查情况	5.6 二级内业检查员	5.7 二级内业检查日期	5.8 二级内业检查复核确认
5.9 二级外业检查情况	5.10 二级外业检查员	5.11 二级外业检查日期	5.12 二级外业复核确认
5.13 内业录入检查情况	5.14 录入员	5.15 录入员日期	5.16 内业录入二级检查情况
5.17 内业录入二级检查员	5.18 内业录入二级检查日期	5.19 内业录入二级检查员	5.19 内业录入二级复核确认

2.15　海淀区调查指标与全国调查指标有什么区别?

按住房城乡建设部要求,全国房屋建筑承灾体调查项目共需调查84项有效指标。经与海淀区房管局进行需求对接,共新增73项调查指标。其中:

城镇住宅原20项有效指标,新增15项,现共35项;

城镇非住宅原19项有效指标,新增21项,现共40项;

农村独立住宅原16项有效指标,新增3项,现共19项;

农村集合住宅原11项有效指标,新增13项,现共24项;

农村非住宅原18项有效指标,新增21项,现共39项。

调查指标内容增设情况见表2-1~表2-5,其中标记为灰色的项是新增项。

2.16　调查成果有哪些?

根据《全国房屋建筑和市政设施调查软件系统数据建库标准规范(房屋建筑全国版)》(以下简称《房屋数据建库标准》)要求,调查成果包括空间图层及属性数据、关联表格文件及相关文件资料。

空间图层包含城镇房屋、农村住宅房屋、农村非住宅房屋,数据格式为shapefile,相关调查属性内容组织在shapefile文件的属性字段中。

关联表格文件包括照片附件文件关联表,包含文件分组表和文件表,格式为Excel(xlsx)。

相关文件资料主要包括佐证照片、技术设计、工作总结报告、技术总结报告、审核整改报告、质量检查报告和统计分析报告等。考虑实体照片占用空间较大,拷贝时间较长,要求按照实体照片的存储路径整理形成照片文件列表,格式为xlsx。房屋建筑现场调查照片,格式为jpg、jpeg、png等,单个照片文件大小要求300千字节以下。

2.17 调查成果提交要求有哪些？

按照《普查实施方案》《调查实施方案》文件要求，结合海淀区自身的需求，具体要求如下：

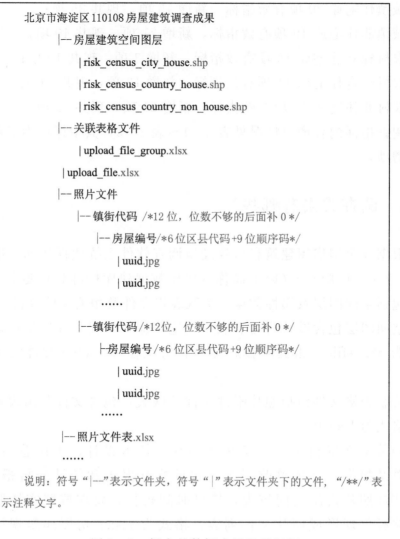

北京市海淀区110108房屋建筑调查成果
　　|-- 房屋建筑空间图层
　　　　| risk_census_city_house.shp
　　　　| risk_census_country_house.shp
　　　　| risk_census_country_non_house.shp
　　|-- 关联表格文件
　　　　| upload_file_group.xlsx
　　| upload_file.xlsx
　　|-- 照片文件
　　　　|-- 镇街代码 /*12 位，位数不够的后面补 0 */
　　　　　　|-- 房屋编号/*6 位区县代码+9 位顺序码*/
　　　　　　　　| uuid.jpg
　　　　　　　　| uuid.jpg
　　　　　　　　......
　　　　|-- 镇街代码/*12位，位数不够的后面补 0 */
　　　　　　|-房屋编号/*6 位区县代码+9 位顺序码*/
　　　　　　　　| uuid.jpg
　　　　　　　　| uuid.jpg
　　　　　　......
　　|-- 照片文件表.xlsx
　　......

说明：符号"|--"表示文件夹，符号"|"表示文件夹下的文件，"/**/"表示注释文字。

图 2-1　提交的数据成果目录组织

（1）空间基准要求。

空间基准为天地图公众版，具体为：

坐标系：采用国家 CGCS2000 地理坐标系（EPSG：4490）。

高程：1985 国家高程基准；高程坐标单位为"米"。

（2）空间要素要求。

1）房屋建筑矢量数据为空间面数据。

2）房屋建筑必须在海淀区行政辖区内。

3）图层内面要素不允许自相交。

4）图层内要素不允许存在多部件。

（3）属性内容要求。

1）图层中"编号"唯一，编号规则正确。

2）图层要素命名规范，属性完整。

3）图层属性字段名称、字段类型、长度、值域等符合要求。

（4）数据文件组织目录要求。

提交的数据成果目录组织如图 2-1 所示。

第三部分
海淀区房屋建筑承灾体调查组织实施方案

3.18 组织管理机构是怎么设置和分工的？

组织管理机构按照"区政府统一领导、部门分工协作、属地分级负责、各方共同参与"的原则，由北京市海淀区第一次全国自然灾害综合风险普查领导小组统一指挥，各相关部门按照工作分工组织实施调查工作。

3.19 海淀区房管局如何进行协调配合？

海淀区房管局负责统筹、协调、推进房屋建筑调查工作开展，对接海淀区第一次全国自然灾害综合风险普查领导小组办公室、北京市住房城乡建设委；指导、协调各相关部门、调查队伍、核查队伍开展房屋建筑承灾体调查、核查工作；编制《海淀区第一次全国自然灾害综合风险普查房屋建筑调查实施方案》；组建区级调查技术专家组；按照有关程序选定调查、核查队伍；组织安排"调查平台基础数据库"中海淀区行政辖区内已有数据梳理工作；组织安排对各街道、镇，以及调查、核查队伍相关人员开展培训；组织安排房屋建筑承灾体调查成果汇交；定期召开会商会，专题研究房屋建筑承灾体调查工作中存在的问题和改进措施。

3.20 海淀区其他部门如何进行协调配合？

海淀区应急管理局：负责项目统筹协调工作，指导全区各部门完成普查工作，了解实施方案、预算编制、工作实施、数据汇总等工作。

海淀区住房城乡建设委：与海淀区房管局共同完成房屋建筑承灾体调查工作；负责海淀区农村房屋安全隐患排查整治工作。

海淀区财政局：负责做好此次房屋建筑承灾体调查工作的资金保障。

海淀区人民政府国有资产监督管理委员会：负责督促、协调区属国有企业协助、配合调查队伍开展房屋建筑承灾体调查工作。

北京市规划和自然资源委员会海淀分局：负责提供房屋建筑规划、土地、权属登记等信息，并配合区房管局完善调查平台基础数据库。

海淀区委社会工委、区民政局：负责督促、协调养老机构、福利院的产权单位、管房单位协助、配合调查队伍开展房屋建筑承灾体调查工作。

海淀区教育委员会：负责督促、协调学校、幼儿园的产权单位、管房单位协助、配合调查队伍开展房屋建筑承灾体调查工作。

海淀区卫生健康委员会：负责督促、协调医院的产权单位、管房单位协助、配合调查队伍开展房屋建筑承灾体调查工作。

海淀区文化和旅游局：负责督促、协调文化、旅游、酒店等的产权单位、管房单位协助、配合调查队伍开展房屋建筑承灾体调查工作。

海淀区体育局：负责督促、协调体育场馆的产权单位、管房单位协助、配合调查队伍开展房屋建筑承灾体调查工作。

海淀区民族宗教事务办公室：负责督促、协调寺院、宗教活动场所的产权单位、管房单位协助、配合调查队伍开展房屋建筑承灾体调查工作。

海淀区退役军人事务局：负责督促、协调军休所的产权单位、管房单位协助、配合调查队伍开展房屋建筑承灾体调查工作。

海淀区机关事务管理服务中心：负责督促、协调机关办公场所的产权单位、管房单位协助、配合调查队伍开展房屋建筑承灾体调查工作。

北京海房投资管理集团有限公司：负责协助、配合调查队伍开展区属直管公房的调查工作。

北京首都开发控股（集团）有限公司：负责协助、配合调查队伍开展市属直管公房的调查工作。

海淀区房管局对定期收集的各中标单位拒测房屋信息，与区其他政府单位一起统一协调配合各中标单位进行拒测房屋信息填报。各中标单位根据项目进度随时调整调查人员、调查设备。

3.21 生产组织机构是如何设置和分工的？

生产组织机构根据需要设置了资料收集组、影像制作组、内业数据生产组、外业调查核查组、质量检查组、综合协调组和系统开发组，具体分工如下：

资料收集组：负责收集相关资料及整理工作。

影像制作组：负责制作遥感正射影像工作。

内业数据生产组：负责变化信息采集、编辑和整理，采集数据等工作；根据作业区，细分为 3 个作业部门。

外业调查核查组：负责外业监测信息的调查与核查、拍摄解译样本工作；根据作业区分为 4 个作业部门。

质量检查组：负责数据过程质量检查和成果质量检查。

综合协调组：对生产进度、质量、技术、档案和人员等进行综合协调、管理。

系统开发组：研发海淀区房屋建筑承灾体调查系统管理系统；根据工作内容主要分为 6 个作业部门。

3.22 各街道、镇如何进行协调配合？

各街道、镇负责辖区内的房屋建筑承灾体调查工作的具体实施，统筹组织社区、村、物业服务企业、管房单位、调查队伍等力量，推进辖区内房屋建筑承灾体调查工作；协助开展房屋建筑承灾体调查宣传、培训工作。

3.23　调查单位、调查人员如何进行协调配合？

调查单位负责底图制备、筹备软硬件、人员、车辆、物资等。调查人员需要完成房屋建筑调查相关培训，及时获取最新的内业数据，按时、保质、保量完成房屋调查、数据汇总和上报工作。

3.24　海淀区房屋安全鉴定站如何进行协调配合？

海淀区房屋安全鉴定站按照区灾普调查统一安排部署，并结合各标段的调查进度，对海淀区房屋进行现场核查工作。

3.25　社区居委会如何进行协调配合？

社区居委会需要提供辖区内房屋建筑的建造时间、建筑面积、建筑地址、户数、社区平面图等已有信息，协助调查队伍开展房屋建筑调查。

3.26　物业单位如何进行协调配合？

物业单位需要提供所管辖小区内房屋建筑的建造时间、建筑面积、建筑地址、户数、平面图等相关信息，协助调查人员开展房屋建筑调查。

3.27　村委会如何进行协调配合？

村委会需要建立人员联络表，提供已有的一些基础信息资料，包括村镇边界、地籍信息、住宅信息、抗震加固、农房改造、危房改造、安全鉴定等成果数据。利用村委会的广播系统，宣传房屋普查工作，提高入户工作效率；协调村民资源，协助调查队伍开展房屋建筑调查。

第四部分

海淀区房屋建筑承灾体调查技术实施方案

4.28 调查总体思路是什么？

（1）按照"内外内"作业路线，打好前期内业基底，提高底图精度，夯实空间底图参考基础，减少外业调查阶段对底图数据增删改的工作量。

（2）开发保密措施严密，符合各项规范、规程、导则要求（数据建库规范、成果提交规范等），实用性强，便捷度高的调查软件，助力外业调查工作顺利开展。

（3）按时参加住房城乡建设部的技术培训，同时，强化对内部调查人员的各项培训工作。

（4）强化质量控制，落实"边调查边质检"及"两检一验、全过程质检监督"制度，保障成果质量。

4.29 房屋建筑承灾体调查技术流程是怎样的？

按照"内—外—内"的思路，设置技术流程。

（1）第一阶段内业技术流程。第一阶段内业技术流程主要包括资料收集、数据采集、数据分类、属性整合、成果质检、调查软件开发、与住房城乡建设部软件及数据结构进行对接等工作。第一阶段内业技术流程如图4-1所示。

（2）第二阶段外业技术流程。第二阶段外业技术流程主要包括前期准备工作、外业实地调查、房屋建筑核查、补充调查、核查修改和

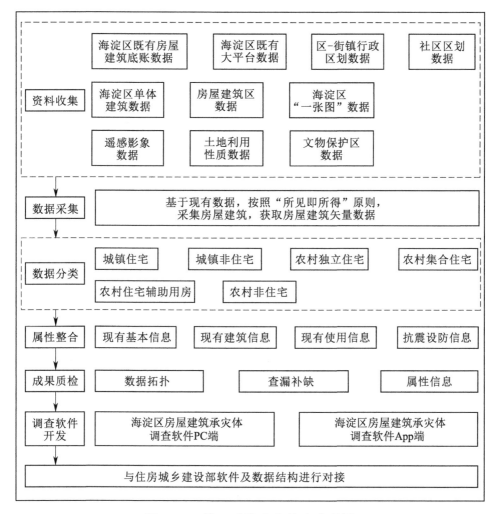

图 4-1 第一阶段内业技术流程图

成果提交等。其中前期准备工作包括调查底图制备、宣传培训和沟通前置。第二阶段外业技术流程如图 4-2 所示。

（3）第三阶段内业技术流程。第三阶段内业技术流程主要包括编辑整理、成果汇集、成果汇交等内容。第三阶段内业技术流程如图 4-3 所示。

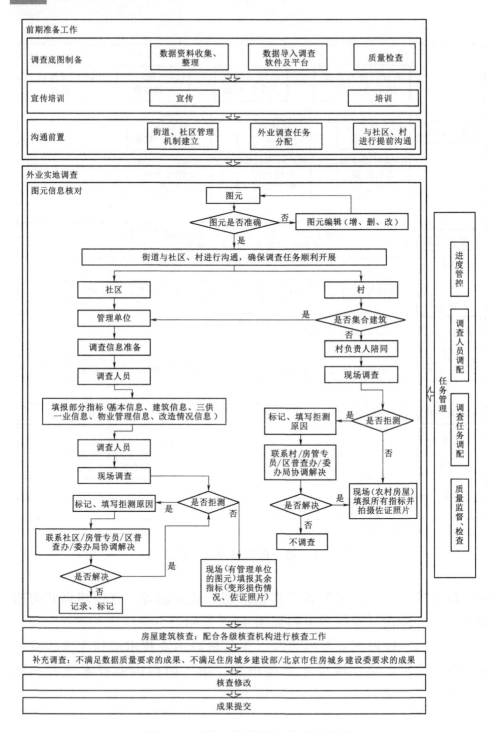

图4-2　第二阶段外业技术流程图

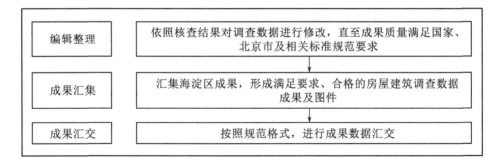

图 4-3 第三阶段内业技术流程图

4.30 需要收集的资料有哪些？

需要收集的资料主要包括海淀区既有房屋建筑底账数据、海淀区既有大平台数据、地理国情监测数据、基础测绘地理信息数据、遥感影像数据、土地利用性质数据、文物保护区数据、行政区划数据及其他专题资料数据等。

4.31 收集资料后需要怎么处理？

收集的资料需要进行遥感影像制作、数据清洗归约和数据坐标转换。

4.32 如何进行遥感影像制作？

遥感影像制作包括影像正射纠正、地理配准、影像增强处理、影像镶嵌与裁剪和正射影像接边等。

（1）影像正射纠正。优先采用天地图作为控制源，利用影像对影像匹配的方式采集控制点，必要时收集利用数字高程模型数据提供辅助，对影像进行正射纠正，利用 PixelGrid 软件基于 RPC/RPB 参数，对卫星全色及多光谱影像进行单片快速正射纠正，检查正射影像精度；通过全色及多光谱影像融合技术，将融合后四波段的卫星影像组合成红、绿、蓝的三波段影像，调色生成原始分辨率 8 比特的真彩色正射影像。卫星影像单片制作流程如图 4-4 所示。

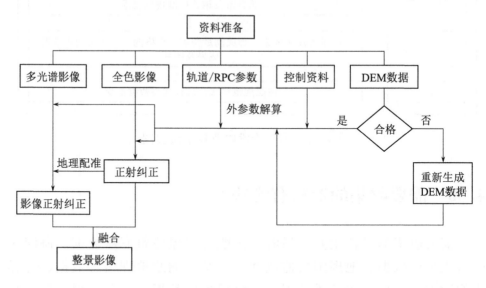

图 4-4　卫星影像单片制作流程图

（2）地理配准。

1）外参数解算。每景卫星遥感影像进行正射纠正的外参数可采用 RPC 模型方式进行解算。根据卫星影像提供的精确 RPC 参数，结合收集的控制资料，解算外参数。

2）全色波段影像正射纠正。全色波段影像纠正后正射影像分辨率原则上和原始影像地面分辨率保持一致。

3）跨带整景纠正。当单景卫星影像跨两个投影带时，应将影像分布较多的投影带作为整景纠正的投影带。

4）多光谱影像与全色波段影像配准纠正。多光谱影像与全色波段影像的配准纠正以纠正好的全色波段影像为控制基础，选取同名点对多光谱影像进行纠正。纠正模型的选取以及 DEM 数据选择与对应的全色波段一致。

（3）影像增强处理。

1）融合质量要求。对经过正射纠正的同一卫星遥感影像的多光谱数据和全色波段数据进行融合。二者之间配准的精度不得大于 1 个多光谱影像像素。保证融合后影像色彩自然，纹理清晰、层次丰富、反差适中，无影像发虚和重影现象，融合后能明显提高地物解译的信息量。

2）影像匀色。采用直方图均衡化和直方图匹配方法，用非线性对比拉伸重新分配像元值，使一幅图像的直方图与参照图像的直方图相匹配，达到分景或分幅图像的匀色。

（4）影像镶嵌与裁剪。进行镶嵌时，应保持景与景之间接边处色彩过渡自然，地物合理接边，无重影和发虚现象。如镶嵌区内有人工地物时，应手工勾画拼接线绕开人工地物，使镶嵌结果保持人工地物的完整性和合理性。

色彩调整后，正射影像的直方图大致呈正态分布，影像清晰，反差适中，色彩自然，无因太亮或太暗失去细节的区域，明显地物点能够准确识别和定位。

根据海淀区范围进行裁剪。

（5）正射影像接边。正射影像接边两侧的色调尽量保持一致，图幅间应根据接边精度情况进行接边改正。

4.33 如何进行数据清洗归约？

数据清洗归约需要使用人工查看方式，掌握字段解释、数据来源，对其缺失值、格式和内容、逻辑错误、非需求数据、关联性验证进行检查。

（1）缺失值。缺失值是最常见的数据问题，可按照以下三个步骤进行处理：①确定缺失值范围，对每个字段都计算其缺失值比例，然后按照缺失比例和字段重要性，分别制定策略；②去除不需要的字段，将存在缺失值且不需要的字段进行删除；③填充缺失内容，以业务知识或经验推测填充缺失值或与数据提供单位沟通确认。

（2）格式和内容。对数据的格式、内容进行统一处理，主要包括时间、日期、数值、全半角等显示格式不一致，内容中有不该存在的字符，内容与该字段应有内容不符等。

（3）逻辑错误。去掉一些使用简单逻辑推理就可以直接发现问题的数据，主要包括重复值、不合理值、矛盾内容等。

（4）非需求数据。将不符合项目需要及要求的数据进行删除处理。

（5）关联性验证。由于收集的数据资料存在多个来源，有必要进行关联性验证。将不同来源的同类数据导入软件，检查其范围、属性等信息是否一致，若存在差异，需要进行数据验证与核实，以最终确定的正确权威数据资料作为项目数据资料进行相关生产和分析。

收集到的矢量数据存储格式存在多种，为了数据使用的方便性和统一性，需要进行数据格式之间的转换。主要利用 ArcGIS 软件将不同格式的数据进行转换，最终统一转换为 shapefile 格式存储在 File Geodatabase 数据库文件中。

4.34　如何进行数据坐标转换？

收集的数据资料需要验证是否采用 2000 国家大地坐标系统，投影采用高斯克吕格投影，高程基准为 1985 国家高程基准。收集的数据资料坐标若存在坐标系统不统一的问题，对各项专题数据进行坐标转换，坐标转换采用 TransProXY 专业软件，将所有数据的坐标系统按照项目要求进行统一，坐标转化完成之后，对坐标转换成果进行检查和复核，确保转化数据的质量和精度。

4.35　如何采集房屋建筑矢量数据？

采集房屋建筑矢量数据依据时点为 2020 年 12 月的遥感影像数据、现有房屋单体建筑数据、基本比例尺地形图数据，开展空间矢量边界的采集（涉军涉密区域除外），采集原则如下：

（1）房屋建筑应采尽采，单栋房屋应单独表示，且独立闭合。

（2）房屋建筑底面的凸凹部分小于 5 米时，可进行综合处理。

（3）低矮建筑密集区中，边界不明显的房屋建筑可以适当综合采集。

（4）房屋建筑的附属设施，如平台、门廊等不需要采集，建筑工地的临时性建筑不需要采集。

（5）房屋建筑数据以面矢量数据采集方式汇交。

（6）房屋建筑辅助数据需求，土地权属性质矢量数据。

城镇住宅类房屋建筑第一步按照房屋顶部勾绘，第二步移动其基座位置，房屋建筑以基座位置为准。对于低矮建筑，一般层高在1～3层，或楼高10米以下，在高分辨率遥感影像上无明显阴影的房屋建筑，特征上表现为房屋密集度大，单体房屋建筑面积较小，直接勾绘图斑。

城镇非住宅类房屋建筑，如大型公共建筑，不确定建筑基座形状，按照房屋顶部勾绘；也可根据建筑轮廓标识基座位置；还可根据实地情况，切分成多个建筑；对于无法判断单体建筑轮廓边界时，适度综合采集。

农村房屋建筑，单体建筑规模小、数量多，难以分辨，可能会出现局部漏采或错采，采取应采尽采原则。

4.36　如何划分房屋类型？

房屋类型利用土地使用性质数据及单体建筑数据，按照《城镇房屋建筑调查技术导则》以及《农村房屋建筑调查技术导则》中房屋建筑承灾体分类要求，将房屋建筑承灾体分为城镇住宅、城镇非住宅、农村独立住宅、农村集合住宅、农村非住宅五类。

已知单体建筑数据根据"类型"划分为住宅、公共建筑、工业仓储、农业建筑、特殊建筑；土地使用性质数据根据"类型"划分为国有土地和集体土地。利用以上两类数据成果对房屋建筑进行类型划分。划分方法如下：

单体建筑数据中住宅数据加土地使用性质数据中国有土地提取出"城镇住宅"。

单体建筑数据中住宅以外的数据加土地使用性质数据中国有土地提取出"城镇非住宅"。

单体建筑数据中住宅数据加土地使用性质数据中集体土地提取出"农村独立住宅、农村集合住宅"。

单体建筑数据中住宅以外的数据加土地使用性质数据中集体土地提取出"农村非住宅"。

4.37 如何利用现有资料进行属性融合?

（1）与海淀既有建筑物数据融合。在已有房屋单体建筑数据的基础上，根据房屋全生命周期数据字段补充，增添房屋全生命周期数据房屋建筑唯一码，确保后期数据挂接具有唯一性。按照内容指标需求，新增加包括项目（小区）、子项目（小区）名称、幢号、幢名、间/套数等字段。

（2）与海淀区既有大平台数据融合。收集北京市住房城乡建设委房屋平台共享数据，获取海淀区既有大平台数据，数据来源包括实测、修补测和普查数据，属性字段包括建筑物编码、街道编码、房管所编码、建筑物名称等。

（3）与建筑物管理单位信息融合。建筑物管理单位信息包括建筑物唯一码、建筑物编码、管理单位、管理单位联系人、联系人电话以及接管时间等。底图数据与海淀央产数据融合之后只包含央产建筑的物业信息，现有数据按照建筑物唯一码进行挂接，更新物业管理单位、管理单位联系人以及联系人电话等信息，得到部分具有物业信息数据。

（4）与住宅楼房住宅套数信息融合。住宅楼房住宅套数信息包括建筑物唯一码、建筑物编码以及住宅套数等。底图数据与既有大平台数据融合后有住宅套数属性字段信息，现有数据按照建筑唯一码进行挂接，更新增加房屋建筑住宅套数信息，得到部分具有住宅套数信息数据。

（5）与入驻企业信息融合。入驻企业信息包括建筑物唯一码、建筑物编码、企业名称以及使用面积等。现有数据按照建筑唯一码进行挂接，选取建筑物使用面积最大的 3～5 个企业名称填入。

4.38　调查需要的外业设备有哪些?

调查需要的外业设备见表 4-1 和图 4-5～图 4-8。

表 4-1　　　　　　　　调查需要的外业设备

序号	设　备　资　源	数量
1	调查手持终端（Pad 或智能手机）	288 部
2	激光测距仪	144 台
3	钢筋探测仪	20 台
4	手电筒	288 个
5	办公电脑	30 台
6	尺子、签字笔、便笺纸等	288 套
7	卷尺	288 套
8	户外用车	30 辆

图 4-5　激光测距仪

图 4-6　调查手持终端智能手机

图 4-7　钢筋探测仪　　　　　　图 4-8　办公电脑

4.39　外业调查有哪些要求？

按照项目要求，外业调查对调查范围内的房屋建筑应调尽调、应填尽填、实事求是、沟通前置、遇难知退，确保达到保质保量保工期的整体项目目标。

（1）应调尽调。对于调查范围内的房屋建筑，尽职尽责地进行全面细致的调查。

（2）应填尽填。通过多方途径，对于能了解到的房屋基本信息、建筑信息、抗震设防信息等进行填报。

（3）实事求是。对于调查到的房屋空间位置情况、基本情况、建筑情况、使用情况、抗震设防情况等房屋建筑信息，进行如实的填报。

（4）沟通前置。调查工作开始前，先沟通联系乡镇、街道、村、社区，借助基层力量开展好调查工作。涉及城镇房屋的，对接社区，社区联系调查区域范围内的物业管理人员、小区管理人员以及村委会人员。涉及村庄调查的，由对本村基本情况较为了解的村委会人员带领调查人员，进行现场指认。

（5）遇难知退。因工期紧张，需高效完成调查任务。如遇到沟通协调困难、联系不到人等情况，应适度搁置，先集中力量完成能完成的部分。

4.40　外业调查有哪些具体注意事项？

外业调查应严格遵循走到、看到、记到的原则，客观真实地反映出可到达工作区域内各类房屋的信息内容。

外业调查对底图中所有房屋的指标进行填报，确实填报不了的，记录相应指标项及原因，并及时反馈至内业。

外业调查时，若发现单体建筑位于涉军涉密区域，不进行调查。

由于疫情防控而禁止入内的场所，持健康码或相关证件可以入内的应进行实地核查；其他禁止入内的，应进行标注，并向社区、街道、区及相应委办局进行反馈，尽量解决拒测问题，同时，内业编辑整理时进行记录并统计汇总，并按要求填写拒测理由。

外业调查时，应提前进行合理的任务分配，并对路线做出整体规划，同时，要提前与社区、村联系人进行沟通联系。协商好调查时间。

当底图与实际情况不符时，按照以下原则进行处理：

（1）若图元与实地建筑物的空间信息及类型信息相吻合，且为单体建筑，现场填报指标信息。

（2）若图元与实地建筑物的空间信息相吻合，且为单体建筑，但类型信息与实地信息不一致，切换房屋建筑类型，并现场填报指标信息。

（3）若图元与实地建筑物相吻合，但不为单体建筑，不进行调查，对图斑进行标记，填报不调查原因，并拍摄佐证照片。

（4）若底图上有图元但实地没有，不进行调查，对图斑进行标记，填报不调查原因，并拍摄佐证照片。

（5）若底图上没有图元但实地有，进行补充调查，现场利用外业调查软件，依据影像或实际建设情况，绘制图斑，并填报指标信息。

（6）若底图上有图元实地也有，且与房屋建筑类型相吻合，但存在偏移，需现场利用外业调查软件，依据影像或实际建设情况，调整图斑空间位置，并填报指标信息。

（7）若底图的一个图元对应实地多栋房屋，则需利用外业调查软件对底图图元进行切分，并分别填报调查指标信息。

（8）多底图的多个图元对应实地的一栋房屋，则需利用外业调查软件对底图图元进行合并，并填报调查指标信息。

（9）当图元内现有的信息与管理人员提供的信息不一致时，询问数据来源，并填报最新、最规范的数据。

外业时，与影像上反映的情况相比，如果房屋单体建筑的位置、范围、属性等发生明显变化，超出采集精度要求，应以实地情况为准，设法进行更新，无资料支持、难以完成更新的，应在技术总结中重点说明。

农村住宅辅助用房，不需要调查，但需要在底图上标识并拍照上传。

抗震设防信息，城镇房屋不需要调查自动给出，农村房屋需要调查。

每个调查任务单元完成之后，内业应及时审核，不完善的要进行二次调查。

当同一个房屋实际信息与参考资料信息不一致时，应以准确的实际信息为准（或增加一个字段，为实际信息）。

4.41 城镇房屋建筑外业调查内容有哪些？

调查内容有《城镇住宅建筑调查信息采集表》与《城镇非住宅建筑调查信息采集表》中的项目，调查信息采集指标已在软件系统移动端内置。软件系统移动端填写的内容为第一、第二部分（房屋基本信息、建筑信息）和第四部分（房屋建筑使用情况），第三部分（建筑抗震设防基本信息）由软件系统根据地区和建造年代及房屋用途等自动给出。

4.42 农村房屋建筑外业调查内容有哪些？

调查内容以房屋属性信息采集为主，软件系统移动端填写的内容详见《农村住宅建筑调查信息采集表（独立住宅）》《农村住宅建筑调查信息采集表（集合住宅）》和《农村非住宅建筑调查信息采集表》，调查项目通过系统开发在移动端 App 中内置。

调查中首先通过调查软件移动端，在工作底图上实地获取房屋所在的地理位置即空间信息，然后逐项填报或补充房屋属性信息，以及信息采集人、单位和调查日期，填报完成后上传。

农村住宅建筑分为独立住宅、集合住宅，以及辅助用房。

独立住宅：独立住宅调查以建筑单体（栋）为单位填报，对于在各自宅基地上建造且独立入户的联排住宅按照独立住宅分别填报，并在底图上标出分界线。

集合住宅：集合住宅调查以建筑单体（栋）为单位填报，不需逐户调查。集合住宅一般为统规统建项目，履行建设工程审批程序，由具有相应资质的勘察单位、设计单位、建筑施工企业、工程监理单位等建造完成。

辅助用房：辅助用房可不进行详细调查，但应在调查软件系统中对工作底图中对应图斑登记标识为"辅助用房"，与主体建筑统一归于同一户主名下，并拍照上传。

4.43 佐证照片拍摄有哪些要求？

现场定位拍摄照片，应包含至少一张房屋建筑整体外观照片，当有潜在地质灾害或其他不良场地威胁时，应补充周边环境地质灾害隐患点和场地安全隐患照片；如有裂缝、倾斜、变形、沉降等情况，应补充能反映相关变形损伤情况的照片；每栋建筑上传的外观及周边环境、变形损伤、抗震构造措施等现状照片数量分别不超过 3 张，应能全面、准确、直观反映房屋现状。

4.44 技术培训内容有哪些？

（1）总体培训：普查工作的总体目标、内容、技术方法、流程、实施进度和成果验收等。

（2）技术培训：承灾体普查工作的目标、任务、调查内容、工作流程与技术方法以及成果要求。

（3）内容与指标培训：各项普查工作表的结构，指标说明和填报要求。

（4）软件使用培训：多种数据的采集方法，空间信息制备与数据处理，软件操作方法。

4.45 技术培训的对象有哪些？各自的培训目标是什么？

（1）项目的行政负责人、组织实施的管理人员。培训目标为：使管理人员熟悉灾害普查总体框架和业务流程，能够借助此次培训对整个项目进行监督、指挥等。

（2）实施普查工作的技术管理人员和专业技术人员。其包括：普查机构的行政负责人、组织实施的管理人员、普查机构为落实各级普查培训所需要的师资、实施普查工作的技术管理人员和专业技术人员、镇村及以下的普查指导员和普查员、其他与普查工作密切相关的各类机构的工作人员。

培训目标为：熟悉灾害普查总体框架和业务流程，能够借助此次培训对整个项目进行指导等。

（3）镇村及以下的普查指导员和普查员。培训目标：使他们掌握整个灾害普查业务流程，能够配合技术人员进行项目指导及落实。

（4）其他与普查工作密切相关的各类机构的工作人员。培训目标：对业务操作人员的培训，目的是使他们掌握整个灾害普查业务流程，熟练掌握其技术流程，并能针对项目实施操作。

4.46 技术培训的方式有哪些？

调查采取多种培训相结合的方式进行。主要培训方式分为现场集中授课和网络手段辅助培训。

（1）现场集中授课。现场培训期间以集中面授为主，辅以软件等多媒体手段，授课时要有实际案例模拟。通过培训保证所有参加培训的人员都能熟练掌握相关普查内容和技术方法。

实行统筹培训，制定统一的培训标准。遵循统一的标准规范、统一的技术手段以保障获取统一协调的普查成果。培训内容包括风险调查的总体目标与总体任务、总体技术方案和带有共性的技术方法与标准规范。

（2）网络手段辅助培训。项目主要负责人及技术人员通过观看腾讯会议直播及回放，参加由国家及北京市、海淀区邀请的专家开展的线上培训，深入进行工作内容与技术指标、建筑结构、玻璃幕墙调查等培训。

在项目实施过程中根据最新的技术要求及作业过程中出现的问题，以专家答疑的形式，不定期地举行线上技术交流会，确保工作可以有序稳定地开展。项目参与人员登录"全国住建系统领导干部在线学习平台"，点击"全国自然灾害综合风险普查房屋建筑和市政设施调查技术网络培训"，在线上回看课程，查阅学习资料。如果在实际操作中遇到问题，可搜索相关资料，或者在论坛中向培训老师发帖提问。同时普查员还可以在论坛中互相讨论，交流工作经验，提出工作意见和建议。培训老师可据此进行讲评、反思与总结，并改进培训工作。

4.47 技术培训教材有哪些？

技术培训教材依据中央普查办编制的教材，增加了海淀区调查内容，主要包括总体教材、专业教材和工具类教材。

（1）总体教材 1 本。《海淀区灾害综合风险普查培训总体教材》主要内容包括总体目标任务、主要内容、组织分工、管理体系、技术路线、进度安排、调查流程、汇交原则、调查规章制度等。

（2）专业教材 8 本。

1)《承灾体调查培训教材》主要内容包括：房屋建筑承灾体调查

对象和范围、调查表结构和具体指标（空间位置、几何形状、数量、功能属性等）的解释、调查表的填报、成果汇总与审核等。

2）《制图专题培训教材》主要内容包括：制图软件的安装和应用，空间数据处理，制图内容，制图的技术、方法和流程，成果汇总与审核等。

3）《统计分析专题培训教材》主要内容包括：统计分析软件应用、数据的收集处理、统计分析方法等。

4）《名词基础专题培训教材》主要内容为调查工作中专业名词的解释和应用。

5）《成果汇交专题培训教材》主要内容包括：调查成果验收的组织实施，检查验收的内容与方法，检查验收的程序、注意事项等。

6）《质检专题培训教材》主要内容包括：质量要求、质量管理的方法、质量检查依据、质检的技术和方法等。

7）《实施专题培训教材》主要内容包括：调查的目标与任务、调查的对象与范围、实施的技术路线与流程、调查成果的质量控制、调查组织与进度安排等。

8）《房屋建筑承灾体调查重点难点问答》汇总调查工作的重点问题以及调查员在实际操作中遇到的疑点、难点问题，形成专题解答。

（3）工具类教材 2 本。

1）《移动端 App 外业调查用户手册》指导外业 App 操作。

2）《PC 端用户手册》指导外业调查、核查 PC 端操作。

4.48 技术培训后有哪些考核方式？

所有培训设置考核环节，确保培训取得实质性效果。采用现场考核的形式，对参培人员逐一考核，培训考核合格后颁发相关培训证明。根据项目的工作内容和特点，培训考核采用答卷考试和模拟入户操作评测两种方式。

答卷考试：为了保证培训效果，确保工作人员掌握普查工作的各项要求，在培训前会准备多套考试问卷。在培训完成后，所有参与培训人员通过线上答题的方式进行考核。

模拟入户操作评测：所有参与入户调查的调查员在正式开始调查工作前，将进行模拟入户操作，根据实际情况设计多种入户情景，考核老师根据调查员的表现进行评价打分。

第五部分
海淀区房屋建筑承灾体调查软件研发方案

5.49 什么是海淀区房屋建筑承灾体调查系统？

海淀区房屋建筑承灾体调查系统分 PC 端和移动端 App，提供高效、便利、自动化程度高的调查手段，以提高调查工作的质量和效率。PC 端工作平台主要服务于房屋调查、数据质检和核查、数据审核等工作；移动端 App 用于房屋调查及核查工作。系统提供数据采集功能，实现房屋建筑空间信息及相关属性信息的采集；系统还提供数据质检和核查功能，可以对调查数据进行质量检查和抽样核查，以保障数据采集质量。

系统面向市、区各级主管部门以及实施人员（包含调查员、检核员和核查员），为开展房屋建筑承灾体调查工作提供信息化支撑。各级主管部门可通过系统，实时掌握数据调查工作进展情况，实现对调查要素的统一、集中管理。

5.50 海淀区房屋建筑调查系统管理子系统（PC端）如何登录？

登录系统需要输入正确的用户名、密码。由于平台用户众多，将统一用户管理纳入平台，在统一平台管理的基础上，融入统一身份、统一认证、统一授权、统一审计的安全护盾，实现对各子系统的有效整合，满足平台应用安全保障、帮助完成用户、部门、权限、审计日志等的统一管理，从而在做到有效的平台安全保障的同时，也进一步提高管理效率。

5.51　PC端如何进行用户管理?

PC端利用用户管理模块提供对用户信息的管理,包括用户注册、用户登录、用户管理(图5-1)、用户信息修改,可对系统中用户进行增、删、改、分配权限。用户可在工作期间进行个人信息维护管理,可按不同角色(用户组)来区分不同用户权限。

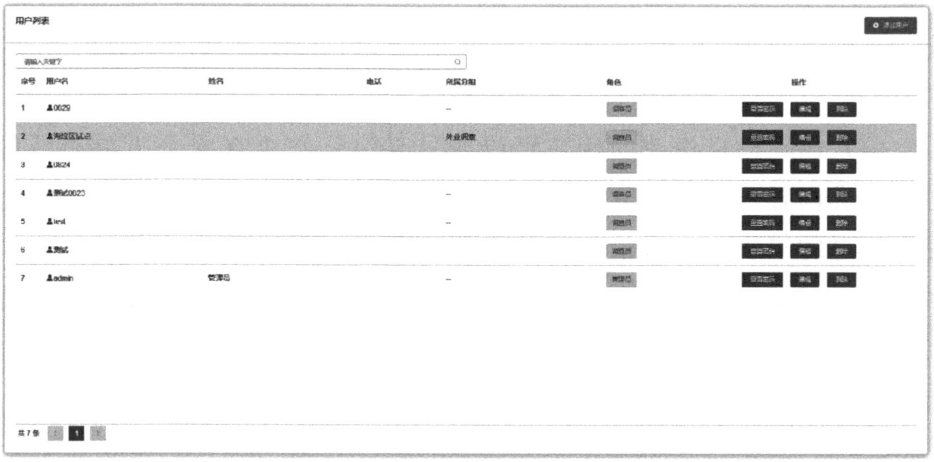

图5-1　用户管理示例界面

(1)用户注册。注册页面包括用户名、密码、邮箱、部门、电话等信息,用户名不能与已注册的用户名相同。通过获取注册信息参数,将参数写入到数据库中,并提示注册成功与否。

(2)用户登录。用户注册成功后,即可通过账号和密码登录平台。后台根据用户提交的登录请求,通过查询该用户是否存在且密码是否正确,将根据结果给用户发送跳转页面。如果用户存在且密码正确,则可进入平台主页面,否则,提示登录错误信息。

(3)用户管理。权限是管理系统的核心,可对数据、功能的权限进行高自由度配置。可以从不同的角度(用户、用户组、IP范围、时间范围、组织/专题)设置数据以及功能的访问和管理权限。

系统提供用户权限管理功能,支持用户角色信息管理,以及新增角色、角色编辑、成员管理、角色菜单管理等功能，方便用户权限设置。根据用户的基本信息进行权限分组，不同权限的用户对系统模块进行区别化操作。超级管理员具有后台系统所有模块的操作权限，可对用户权限进行设置、对数据操作权限进行增加、修改、删除和查询，如图5-2所示。

图5-2　系统权限管理界面

（4）用户信息修改。用户可以登录系统，修改完善个人信息，同时平台会内置一个超级管理员，也可以通过超级管理员账户，实现对用户信息的修改。进入信息修改界面，获取系统中用户当前信息，供用户在当前信息上修改，当用户填完修改信息参数，将修改信息设置到用户信息对象中，然后更新数据库，将更新结果成功与否发送给用户。

5.52　PC端如何进行日志管理？

日志管理的目标是及时收集平台系统中所有设备、资源、应用系统运行产生的日志信息。具体功能包括日志记录、日志查询、日志删除、日志备份功能，重要系统操作纳入日志管理，可在后台查阅，如图5-3所示。

（1）日志记录。日志记录主要记录用户在访问系统功能时的访问时间、用户IP、用户名称、操作内容（如数据入库、数据分析、查询统计等），同时支持对异常任务日志单独记录，方便系统管理人员分析查看。

（2）日志查询。日志查询提供日志信息分类查询功能，查询内容包括用户名称、日志创建时间、用户IP、访问内容等。

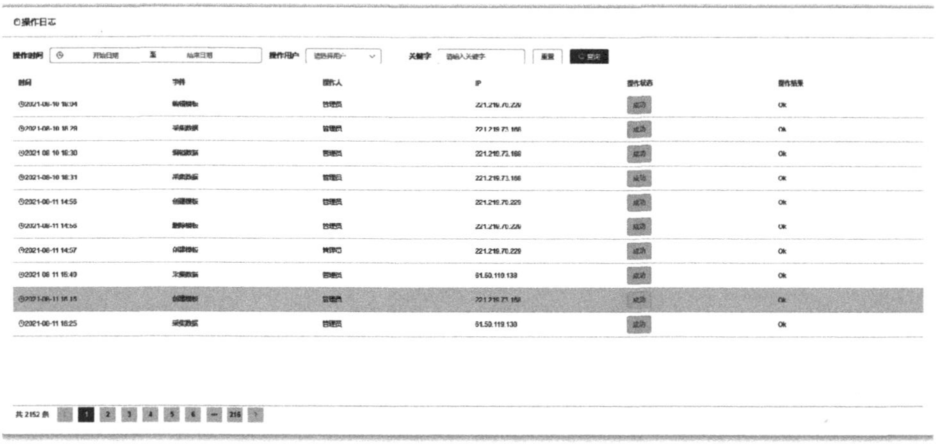

图 5-3 系统日志管理界面示例

（3）日志删除。日志删除提供过时的日志信息删除功能。系统提供以下两种删除方式：①按时间进行删除；②按保留的记录条数进行删除。

5.53 PC端如何进行任务配置？

任务配置是指管理员和调查员进行任务查询和选择，可以快速定位到任务界面，查看房屋建筑信息。

（1）任务查询。PC端根据设置的查询条件采集调查类型、任务关键字检索调查任务。

（2）任务选择。即可将已调查的房屋图斑叠加到影像底图上。

5.54 PC端如何进行调查类型配置？

调查类型配置是系统对房屋建筑调查模块按照《城镇房屋建筑调查技术导则》《农村房屋建筑调查技术导则》《房屋数据建库标准》等进行相应配置。

（1）添加部门。添加部门（图5-4）可以自定义部门名称。

（2）新建调查类型。新建调查类型（图5-5）可以自定义调查点状、线状、面状类型。不同的几何类型做对应类型的调查，如针对面状建筑物的调查，应选择面状几何类型。

图5-4　添加部门界面　　　　　　图5-5　新建调查类型界面

（3）查询类型。查询类型（图5-6）通过输入关键字进行特定类型的查找及筛选。

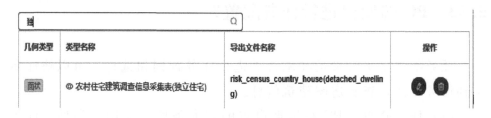

图5-6　查询类型示例界面

（4）基本信息。通过点击编辑工具，可对该调查类型的基本信息进行查看，可以查看该类型表单的几何类型、类型名称、创建者、创建时间、修改者、修改时间、类型描述，同时也可以对类型名称进行修改和对类型描述进行编辑，如图5-7所示。

（5）调查记录。通过调查记录（图5-8）可查看该类型调查数量的多少，也可以查看属性信息，同时也可查看调查记录图形矢量信息。查看模式分为两种，一种是列表模式，另一种为地图模式。

列表中可以查看该类型的全部调查数据、地图展示、全部调查图斑在地图上的叠加显示，单击该图形，就可查看其属性信息，如图 5 - 8 所示。

图 5 - 7　基本信息示例界面

（a）查看属性信息

（b）查看调查记录图形矢量信息

图 5 - 8　调查记录示例界面

（6）字典管理。可以进行针对该类型数据字典名称以及字典项的配置与维护，为表单配置提供数据支撑。将一些调查信息做成选择项，调查人员通过选择进行信息录入，提高工作效率，同时也能对字典选择项进行编辑（图5-9），支持修改、删除和增加等功能。

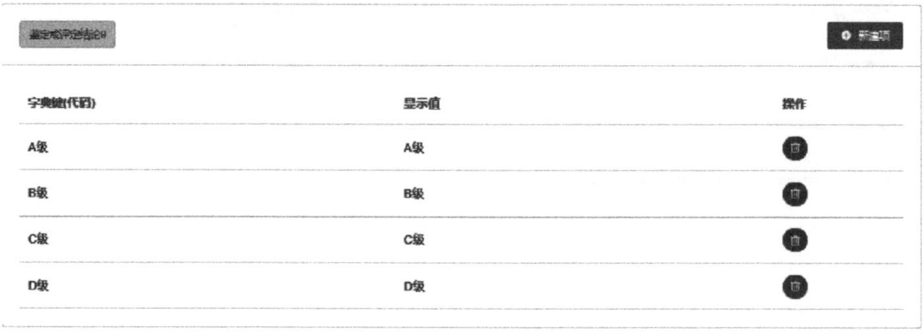

图5-9　字典管理示例界面

（7）配置表单。根据项目要求进行表单配置，可以添加分组、添加字段、删除字段和调整顺序。同时也能进行字段的维护设置，如修改字段名称、导出字段名称、填写提示、字段后缀、是否必填、搜索设置、字段类型、初始值、图层属性、输入方式、多项选择、支持自定义输入以及数据字典配置等，如图5-10所示。

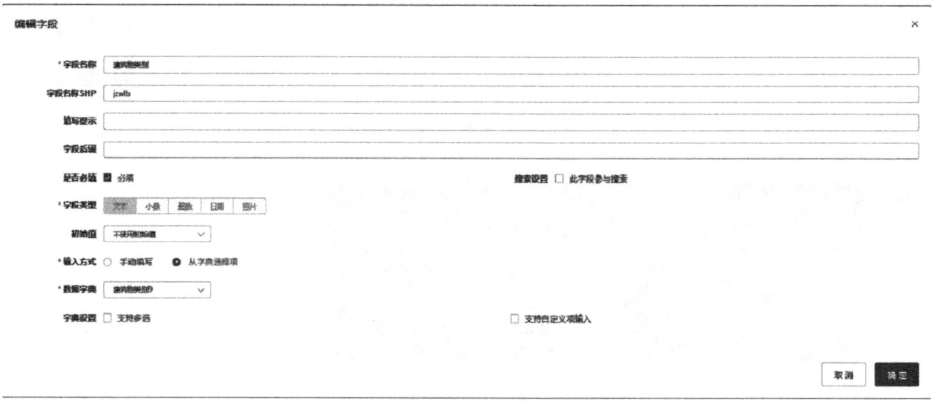

图5-10　字段维护设置图

5.55　PC 端如何进行任务管理?

任务管理是对调查任务的分配、安排、进度的管理。任务管理分为创建任务、查询任务、指派任务、删除任务、任务初始化、离线分发（离线）、任务记录、任务导出成果 8 个子模块。

（1）创建任务。创建任务，应设置任务的名称，如果移动端 App 上需要放置离线影像，应与该任务名称保持一致，同时可以设置任务截止时间，确定任务的最后调查期限，还可以对该任务做一些提示，辅助外业调查工作，如图 5-11 所示。

图 5-11　创建任务界面

（2）查询任务。通过输入特定关键字，对任务进行查询，如图 5-12 所示。

图 5-12　查询任务示例界面

（3）指派任务。指派任务（图5－13）是指管理员对创建的任务进行分配。

图5－13　指派任务示例界面

（4）删除任务。对未完成或取消的任务，可以删除单个任务，停止外业调查。

（5）任务初始化。任务初始化即记录导入，内业人员使用导入shp文件的方式初始化原始房屋图编属性数据，通过配置shp矢量文件字段与调查字段的关系，进行属性挂接（图5－14）。外业调查人员对原有记录进行检查修改，对未填写的进行补充，目的是提高采集效率，减轻外业人员工作量，增加数据填写的正确性。

（6）离线分发（离线）。使用离线版的任务导入工具，导入分发

图5－14　属性挂接图

任务至采集终端。具体操作步骤如下：

1）创建空库（图5-15），库名称需和任务名称保持一致。

（a）点击新建数据库

（b）选择任务

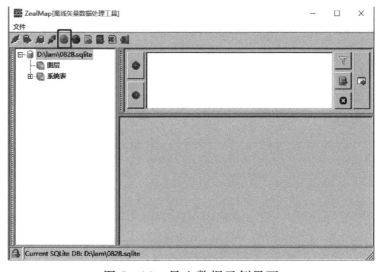
（c）新库建成

图5-15　创建空库示例界面

2）导入数据（图5-16），加载Shapefile（图5-17）。导入数据时需

图5-16　导入数据示例界面

注意编码与原始文件格式需要保持一致，原始 shp 是什么编码，则采用什么编码，图层名称需和调查类型名称保持一致，如图 5-18 所示。

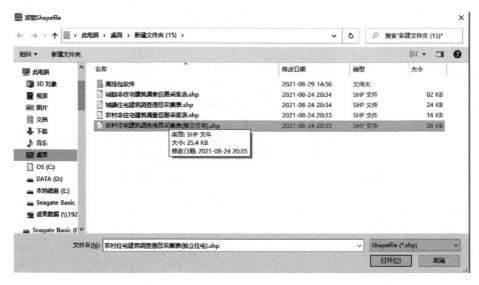

（a）选择矢量文件

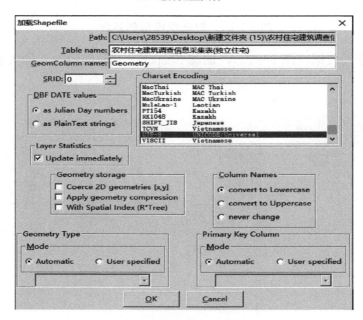

（b）选择矢量参数

图 5-17　加载 Shapefile 示例界面

删除	◎ 农村非住宅建筑调查信息采集表	risk_census_country_house	● ●
删除	◎ 农村住宅建筑调查信息采集表(集合住宅)	risk_census_country_house(amalgamated_dwelling)	● ●
删除	◎ 城镇非住宅建筑调查信息采集表	risk_census_city_house_nonresidential	● ●
删除	◎ 农村住宅建筑调查信息采集表(独立住宅)	risk_census_country_house(detached_dwelling)	● ●
删除	◎ 城镇住宅建筑调查信息采集表	risk_census_city_house	● ●

图 5 - 18　导入数据提示图

一个任务库可以导入多个调查类型图层，重复以上步骤导入 5 个调查类型的图层（如该任务无该类型图斑，导入空图层）。

3）编辑数据。点击右键，选择编辑数据（图 5 - 19），可查看导入的图层记录（图 5 - 20）。

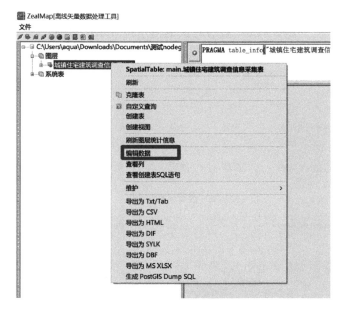

图 5 - 19　编辑数据示例界面

4）传输。将上述创建的 sqlite 数据传输或拷贝到移动端 SD 卡中，同时将影像切片文件（＊.frt）修改为和任务名称一致的文件。

（7）任务记录。外业调查的成果数据，可通过 PC 端任务记录查看该类型调查数量多少，也可以查看属性信息，同时也可查看调查记录图形矢量信息（图 5 - 21）。这分为两种查看模式，一种是数据视图，另一种为地图视图。数据视图中可以查看该类型的全部调查数据，

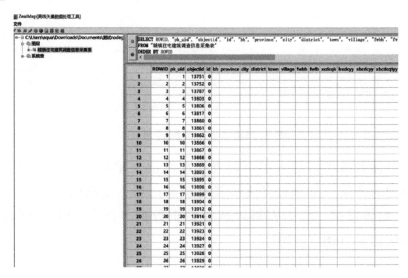

图 5-20　查看导入的图层记录示例界面

（a）查看属性信息

（b）查看调查记录图形矢量信息

图 5-21　任务记录示例界面

地图视图是指面积发生变化的图斑对图形重新上传，其中包括新增、合并和分割图斑，在地图上叠加显示，点击该图形，就可查看其属性信息。

（8）任务导出成果。在本任务数据视图下，可以按照国家成果标准导出成果数据，主要包括 xls 属性数据，shp 矢量（新增、合并）数据以及照片数据。

5.56　PC 端如何进行调查成果展示？

调查成果展示是指对房屋建筑承灾体属性信息、编辑记录、删除记录以及地图视图进行展示，可以根据部门、采集表单类型两个维度，通过属性信息或地理视图两种方式展示成果数据。

（1）属性数据视图。属性数据视图（图 5 - 22）可按照部门、采集表单类型的维度，筛选出全部数据。

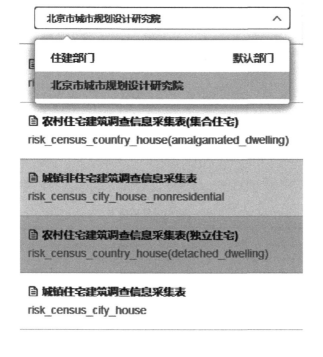

图 5 - 22　属性数据视图示例界面

（2）二次检索（表单）。二次检索（表单）可以支持采集表单项的内容，如编号（配置检索字段）进行二次检索［图5-23（a）］。还可以点击高级，根据更多条件项检索［图5-23（b）］。

（a）编号（配置检索字段）进行二次检索

（b）更多条件项检索

图5-23 二次检索（表单）示例界面

（3）二次检索（任务）。二次检索（任务）支持多任务成果数据的叠加检索（图5-24）。

（4）编辑记录。根据检索定位到记录后，可以对数据进行全属性的编辑操作（图5-25）。

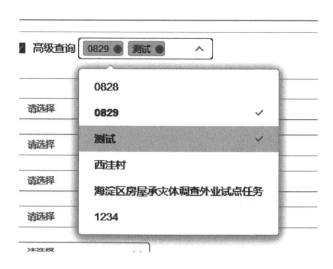

图 5-24 二次检索（任务）示例界面

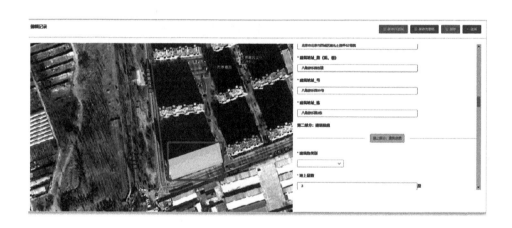

图 5-25 编辑记录示例

（5）删除记录。删除记录可以删除特定的调查成果记录（图5-26）。

（6）地图视图。地图视图（图5-27）可以在底图上查看新增、合并的房屋图斑。

1）查看房屋（图5-28）。点选房屋图斑，可以查看本条数据的详细信息。

图 5 - 26　删除记录界面

图 5 - 27　地图视图示例

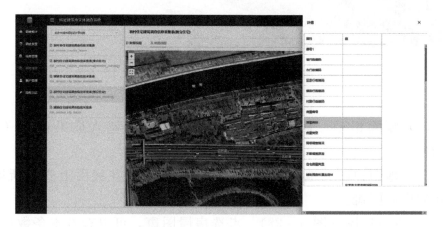

图 5 - 28　查看房屋示例

图 5-29 显示注记界面

2）显示注记（图 5-29）。显示注记功能支持标记图层的叠加显示和关闭。

3）采集表导出成果。导出本表单模板全部的成果数据。具体组织方式参见《房屋数据建库标准》。

5.57 PC 端如何进行成果质检？

对房屋建筑承灾体调查成果进行质量检查，分为列表模式和记录详情模式。发现不合格数据可实时反馈到外业调查员，外业调查修改后提交，质检人员对调查成果进行复核确认。可实现批量填写检查状态。成果质检示例界面如图 5-30 所示。

图 5-30 成果质检示例界面

5.58 PC 端如何进行调查成果统计？

对房屋建筑承灾体调查成果进行统计分析，实现按行政区划级别［图 5-31（a）］、标段［图 5-31（b）］、联合体、调查状态、质检状态、房屋类型等不同维度的统计。

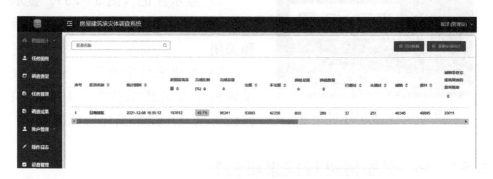

（a）按行政区划级别统计

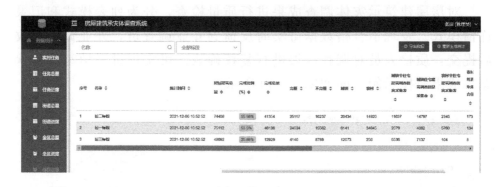

（b）按标段统计

图 5-31　调查成果统计示例

5.59　海淀区房屋建筑调查系统外业调绘子系统（移动端 App）如何登录？

该系统首次安装使用会生成一个 16 位的随机机器码，将机器码发送给后台管理人员，进行后台授权，并将 6 位授权码发送给外业调查人员，输入完成后就可以使用 App 调查了。

外业调查人员可自行在联网硬件上登录移动端 App，按照分发任务进行房屋建筑承灾体调查，App 登录界面如图 5-32 所示。

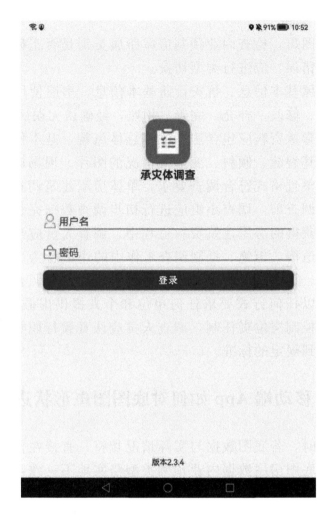

图 5 - 32 App 登录界面

5.60 如何使用移动端 App?

移动端 App 是对内业调查的成果进行现场核对,以及补充调查。利用外业调查软件移动端 App 在移动端开展现场房屋建筑基本信息调查,流程如下:

(1) 核对建筑位置和范围,提供的底图只显示房屋建筑轮廓,调查现场如有丢漏房屋建筑以及连片建筑,需要在已有底图上进行改动

（绘制、拆分、合并）。

（2）拾取图斑，检查内业预判房屋所属类别是否正确，调查现场如有类型预判错误，应进行类型切换。

（3）对房屋基本信息、抗灾设防基本信息、房屋使用情况及调查结论进行核实、修改、补充、完善、拍照，经确认无误后上传。

（4）现场影像资料应包含房屋建筑总体风貌，基本使用情况，特别要注意采集其裂缝、倾斜、变形等情况的图片。现场调查的基础数据要准确、完整且格式符合调查要求，单体房屋建筑调查工作结束前转往下一建筑调查前，调查小组应进行初步调查数据完整性及合规性自查。在调查获得的房屋建筑资料过程中，调查人员应当坚持实事求是，恪守职业道德，拒绝、抵制调查工作中的违法行为。任何单位和个人不得伪造、篡改、对外提供、泄露调查资料或将调查资料用于调查以外。不得以任何方式要求任何单位和个人提供虚假的普查资料。调查实行质量控制岗位责任制，调查人员应认真履行职责，保证各自的工作质量达到规定的标准。

5.61　利用移动端 App 如何对底图图斑形状进行处理？

外业调查时，若底图数据与实际情况相符，直接在信息界面填写属性信息；若底图房屋数据内业预判类型与实地不一致，建筑用途发生了变化，需外业实地进行修改，对房屋建筑类型进行切换，选择与实地相符的调查类型，进行表单信息的填写；若底图房屋数据缺失（针对底图无房屋的，实地有房屋的情况），则新增房屋空间信息和基本信息；若发现建筑底图数据与实地不一致，一个图斑包含多个建筑，应进行分割，拆分成多个图斑，与实地现场相符；若发现建筑底图数据与实地不一致，一个建筑物被画成了多个图斑，应进行合并处理，合并成一个图斑，与实地现场相符。

5.62　利用移动端 App 如何对底图图斑属性进行处理？

管理人员可以对移动端 App 进行调查项属性是否必填的配置。外业调查人员通过实地调查填写信息，为保证建筑信息填写的完整性，增加必填项验证。如果必填项未全部填写完成，外业人员将无法保存，只能保存草稿，将成果数据暂存；外业调查人员将必填项全部填写完毕，可以点击保存进行上传提交；多人同时登录同一个任务账号，可以同步调查功能，支持离线任务，可以手动刷新同步调查数据。

5.63 利用移动端 App 如何进行记录管理？

在调查界面不支持删除，只能通过记录模块进行删除。每一种调查类型的调查记录，是根据修改时间进行排序，最后修改的记录在最上面，方便外业调查修改、删除。同时点击记录可进行调查模块定位，示例如图 5 - 33 所示。

图 5 - 33 移动端 App 记录模块示例界面

5.64 利用移动端 App 如何在调查界面上区分图斑调查情况？

未调查的为红色空心实体线，调查不完整显示为实心橘黄色面

67

状，调查完整显示为绿色实心面状。

5.65　利用移动端 App 如何进行地图模式选择？

软件可以进行地图模式的设置，分为"不使用底图""影像加注记""影像""道路"四个图层，根据不同形式进行选择，选择界面如图 5-34 所示。

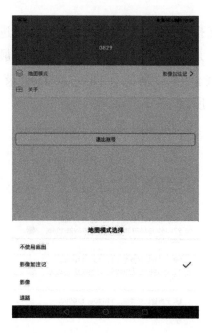

图 5-34　移动端 App 地图模式选择界面

5.66　移动端 App 有哪些提高调查效率的方法？

为提高调查效率，移动端 App 增加字段记忆和一键复制的功能。

（1）字段记忆：外业调查时可查看该调查类型这个字段的历史填写记录，进行调用，减少外业调查工作量，如图 5-35 所示。

（2）一键复制：内业可对需要复制的字段进行设置，外业调查时可进行批量复制粘贴（图 5-36）。

图 5－35　移动端 App 字段
记忆功能示例界面

图 5－36　移动端 App 一键
复制功能界面

5.67　利用移动端 App 如何进行同步更新？

系统通过 API 向服务器发送数据同步请求，完成当前任务的部分图斑属性更新。在同一任务区不同操作人员之间可同步更新数据，防止多人采集同一房屋建筑。

任务同步：一个任务可以分配给多人进行，多人同时进行该任务调查工作，实现同步调查功能。

图斑锁定：当有一个用户调查某一图斑时，其他用户能即时看到该图斑的调查状态，该图斑被当前用户锁定，不允许重复调查，直至用户编辑完成。

5.68 利用移动端 App 如何进行成果核查？

核查人员登录移动端 App，可对各标段外业调查成果进行随机抽查，核查过程中不可对成果进行修改，只能填写检查状态。同时可将核查结果实时反馈给 PC 端和移动端 App，外业人员可通过空间位置和属性记录进行查找，实时互通，如图 5-37 所示。

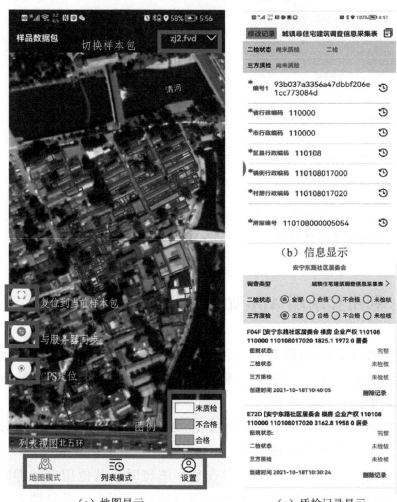

（a）地图显示　　　　　（c）质检记录显示

图 5-37　成果核查界面

5.69　外业实地调查时，如出现手机信号不稳定情况如何解决？

通过配置离线地图，解决手机信号不稳定情况。通过影像切片工具（图 5 - 38），对调查卫星影像、poi 地名点矢量和道路中心线矢量进行瓦片生成，叠加到底图中，进行外业辅助调查。

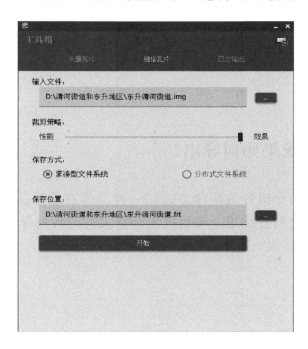

图 5 - 38　影像切片工具界面

5.70　调查单位是否可以进行自行创建账户、修改密码等一系列操作？

每个调查单位统一配置调查管理人员账号，调查单位管理人员可以在系统 PC 端进行创建账户，修改用户信息。PC 端用户列表界面如图 5 - 39 所示。

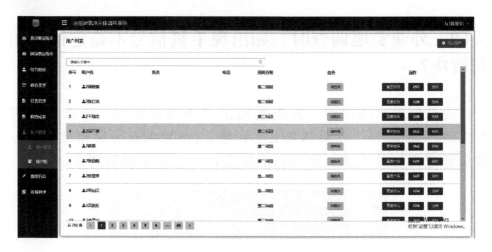

图 5 - 39　PC 端用户列表界面

5.71　调查成果如何导出？

调查成果的导出分为两种方式，一种为带有照片的调查成果，另一种为无照片的调查成果，可根据实际需求进行数据导出。

第六部分

海淀区房屋建筑承灾体调查技术问答

6.72 城镇房屋"需要调查"有什么要求？

此次调查工作应做到应查尽查，核查是否属于不需要调查的房屋，底图与实际调查的建筑是否一致。

除已拆除之外的不需要调查的房屋而调查单位进行了调查，此种情况不宜认定为错误。

大底盘上相互独立的房屋，应分开调查。

本次调查范围为全部竣工或投入使用的房屋建筑。

6.73 城镇房屋"不需要调查"有什么要求？

涉密房屋仅限于不需要调查的涉密房屋（军事禁区、军事管理区、外交使馆、国家安全部门等），不得附加照片或备注相关信息。

在建城镇房屋、电力设施外包裹的用于防护性质小空间、可移动的临时房屋（比如集装箱）以及纯地下的地铁车站（含出入口）不需要调查。

地下通风口（图6-1）不需要调查，如果底图有，备注一下即可。

单独地铁出入口不需要调查，有房屋需要调查房屋，如图6-2、图6-3所示。

（a）底图图斑情况　　　　　　　　（b）现场建筑情况

图 6-1　地下通风口（不需要调查）示例

（a）底图图斑情况　　　　　　　　（b）现场建筑情况

图 6-2　地铁出入口（上方有建筑，需要调查）示例

（a）底图图斑情况　　　　　　　　（b）现场建筑情况

图 6-3　单独地铁出入口（不需要调查）示例

　　长期使用的彩钢板房（图 6 - 4）需要调查，年代等信息大致填写。施工临时使用的彩钢板房（图 6 - 5），则不需要调查。

（a）底图图斑情况　　　　　　　　　　　（b）现场建筑情况

图 6 - 4　彩钢板房（需要调查）示例

（a）底图图斑情况　　　　　　　　　　　（b）现场建筑情况

图 6 - 5　彩钢板房（施工临时使用，不需要调查）示例

6.74　垃圾分类站需要调查吗？

　　如果垃圾分类站是临时搭建的不需要调查（图 6 - 6），否则需要调查（图 6 - 7）。

（a）底图图斑情况　　　　　　　　　　（b）现场建筑情况

图 6-6　垃圾分类站（临时搭建，不需要调查）示例

（a）底图图斑情况　　　　　　　　　　（b）现场建筑情况

图 6-7　垃圾分类站（非临时搭建，需要调查）示例

6.75　对于城镇小区内私自盖建的房子，是否需要调查？

对于城镇小区内私自盖建的房子，如图 6-8 所示，若底图有，与楼房主体不相连的，按非住宅调查，信息不用太纠结。若底图没有，如果与楼房主体相连，主体是住宅，就按照住宅调查，不进行新增调查，在楼房主体备注里说明实地的外扩情况；底图没有，且不与楼房主体相连的，看房屋性质，住人或者经营使用的要进行新增调查，不住人，只是储物的，特别是没窗户的，不用新增调查。

图 6-8　城镇小区内私自盖建的房子示例

6.76　城镇房屋"建筑层数"填报有什么要求?

关注局部突出屋面楼层与阁楼的区别,阁楼不计入层数;当局部突出屋面楼层面积小于相邻下部楼层的1/3时,不计入层数。

重点关注地上层数填报是否错误和是否有地下室;对于仅地下层数填报错误时,可不认定为层数填报错误。

当某层埋入地下深度不超过其层高的1/3时,应把该层划入地上。

当把不高于2.2m的封闭区域(设备层等)计入了层数时,可不认定为层数填报错误。

复式建筑层数按调查时实际情况进行填报。

6.77　部分城镇建筑存在高低错落、阶梯形状等情况,是否需要按层数不同分开填报?还是按一栋填报?如果按一栋填报,层数是以最高位置的层数进行填报吗?

按一栋填报,层数以最高层数为准。

6.78 底层层高约 2.2m 的储藏室或车库，上部为 6 层的住宅，是否需要按照 7 层填报？

不高于 2.2 米的不计入层数。

6.79 屋顶增加彩钢板房，高度高于 2.2 米，这种算改造吗？楼层需要增加吗？

屋顶增加彩钢板房，高度高于 2.2 米，如果是封闭围护后住人或具备人员居住的层高及门窗设置等条件那就算加层，算加层改造，如图 6-9 所示。

（a）底图图斑情况　　　　　　　　　（b）现场建筑情况

图 6-9　屋顶增加彩钢板房示例

6.80 锅炉房、剧场等房屋建筑层数如何确定？

如图 6-10 所示，参照剧场类型，就低不就高的原则，砌体结构类型就按照大通层的层数填报，在备注中做好说明。

（a）锅炉房屋建筑类型1　　　　　　（b）锅炉房屋建筑类型2

图6-10　锅炉房房屋建筑示例

6.81　超高层和建筑密集的区域现场肉眼层数不易数清楚且工作量大，复杂的大型地下车库层数现场难以数清楚，如何填报？

高层及超高层建筑一般为正规设计建造，档案资料较为完整，应查阅档案资料并核实后填写。

6.82　城镇房屋"结构类型"填报有什么要求？

城镇房屋"结构类型"填报内容包括砌体结构、钢筋混凝土结构、钢结构、木结构、混合结构、组合结构。但对于中小学幼儿园等教育建筑、医疗建筑、福利院建筑等，因为涉及重点设防类的一些规定，故又在砌体结构里增加了二级选项：即底部框架-抗震墙砌体房屋、内框架砌体房屋；在钢筋混凝土结构增加了二级选项即是否为单跨框架结构选项。

鉴于城镇平房院落内房屋的复杂性，部分易混淆或现场难以准确判断的房屋，允许有一定范围的容错，包括：木结构（不包括古建木结构房屋和现代木结构房屋）误填为木柱砌体墙混杂。

对于局部不涉及主体结构、不显著增加使用荷载的改造（如露台或屋面加建轻钢棚、简单封闭走廊等），结构类型应按原结构类型填报。

6.83　什么是混合结构？

混合结构一般是指结构竖向构件从上到下均为由钢构件和钢筋混凝土构件（也可以是其他材料构件）均匀结合而成的结构类型，如钢支撑-混凝土框架混合结构、钢框架-钢筋混凝土核心筒混合结构。

6.84　什么是组合结构？

组合结构是指结构竖向构件截面均由两种或两种以上材料制作的结构，如钢管混凝土结构、型钢混凝土结构。

6.85　现场实地房屋建筑结构类型如何确定？

例如：现场很特殊的建筑从照片的外立面很难判断，如清华大学校园内，整体为玻璃的建筑（图 6-11），需要查阅档案资料并核实后填写，无法查阅的，由专业技术人员现场进入建筑物内部查勘确定。

（a）建筑正面　　　　　　　　　　　　（b）建筑侧面

图 6-11　清华大学校园内房屋建筑

北京信息科技大学气膜体育馆（图 6-12），类似于气膜方舱的建筑，膜是落地的，则结构为其他结构。像此建筑搭出来的结构，看一下是钢结构支撑还是钢筋混凝土结构支撑，判断一下是钢结构还是钢筋混凝土结构，主要是通过下方承重的结构来判断。

图 6-12　北京信息科技大学气膜体育馆

外表有装饰的房屋建筑（图 6-13），看不出内部结构，需要查阅档案资料并核实后填写，无法查阅的，由专业技术人员现场进入建筑物内部查勘确定。如果下方是钢筋混凝土柱子，上面大概率也是钢筋混凝土，如果下方是钢管，上面大概率是钢结构。

（a）建筑正面　　　　　　　　　（b）建筑侧面

图 6-13　外表有装饰的房屋建筑示例

6.86 现代房屋建筑（图 6 – 14），房屋屋内有木柱承重、外面有砖、有玻璃幕墙，结构如何确定？

房屋结构确定需要查阅档案资料并核实后填写，无法查阅的，由专业技术人员现场进入建筑物内部查勘确定。现场调查时确认侧面墙是否有木柱，若柱包在墙里面，一般会有竖向缝。

（a）建筑正面　　　　　（b）建筑侧面　　　　　（c）建筑内部

图 6 – 14　健壹景园

6.87 北京大学校内公共厕所（图 6 – 15），现场判断房屋建成年代较新但无相关信息，结构如何确定？

若砌体结构和钢筋混凝土结构通过外观区分不了的情况，需要观

图 6 – 15　北京大学校内公共厕所

察房屋柱角的情况，若柱角平滑，是砌体结构；若柱角漏出来，则是钢筋混凝土结构。

6.88　城镇非住宅"房屋用途"填报有什么要求？

城镇非住宅"房屋用途"填报时，确保中小学幼儿园等教育建筑、医疗建筑、福利院建筑、养老建筑、救灾建筑、基础设施建筑、商业建筑、文化建筑、体育建筑、综合建筑和应急避难场所建筑用途填报准确。

对于住宅小区中的供热锅炉房、配电室、水泵房等，应划入基础设施类建筑。

6.89　城镇房屋"是否专业设计建造"填报有什么要求？

城镇房屋"是否专业设计建造"关系到是否符合建造年代的抗震设计规范要求，专业设计单位会按照规范进行设计。"是否专业设计建造"指标的主要目的是判断建筑是否具有基本的抗震（构造）措施，是否具备基本的抗震能力。

（1）城镇房屋大多数为专业设计建造，填报时要多方询问、查询相关资料，再确认是否为专业建造。

（2）对含于直管公房（含简易楼、中式楼、苏式楼等）、单位直管房、常规建筑结构做法（无关建造年代）的房屋，多数属于"专业设计建造"。

（3）利用国有资金或由政府单位（乡、镇政府及以上）、国有企事业单位建造的房屋，大多数属于专业设计。

（4）被评定为保护性建筑的房屋，可认为是专业设计建造。

（5）已进行整体性抗震加固的房屋，可认为是专业设计建造。

（6）重点关注城乡接合部和由于城镇化把乡镇改为街道办事处地区的房屋：当这些房屋缺少设计图纸或竣工资料时，应仔细确认。

（7）对于个人私搭乱建的房屋，不属于"专业设计建造"。

（8）对于经过翻建的私宅，建议根据现场调查询问实际情况填报。

（9）如无法根据资料进行判断，可由专业人员根据建造结构建造的规范性进行专业判断，并在备注中说明判断的理由。

1990年及以后设计建造的房屋，"是否专业设计建造"指标填报应严格把关。

6.90　城镇房屋"设计建造时间"填报有什么要求？

根据我国抗震规范版本情况，房屋设计建造年代可划分为1980年及以前、1981—1990年、1991—2000年、2001—2010年、2011年及以后，共5个建造年代。

严禁出现跨越建造年代的错误，例如：实际为1985年设计建造的房屋，当填报的时间为1988年，两个时间均位于1981—1990年的年代之间，不认定为设计建造时间填报错误。

6.91　城镇房屋"建筑面积"填报有什么要求？

对于有图纸资料的建筑且未进行过改造的，应优先按原始竣工图或老旧小区综合整治设计图纸中的面积，不应出现错误。

对于缺少图纸资料或改造过的房屋仅通过简单测量获取的，不能出现多层建筑仅填写一层的错误；对于体型复杂房屋的建筑面积，应尽量避免过大误差；核查时当面积偏差超过20%且大于10m^2，则认定调查面积数据填报错误。

6.92　小区地下车库面积怎么计算？

第一种情况，这栋楼包括地下室和车库，则地下室与车库面积计算到这栋建筑里面；第二种情况，小区地下车库，按非住宅建筑填写。地下车库出入口底图图斑和现场建筑情况，如图 6-16 所示。

（a）底图图斑情况

（b）现场建筑情况

图 6-16　地下车库出入口

6.93　城镇房屋"房屋类别"填报有什么要求？

国有土地上的房屋属于城镇房屋。

住宅用地上的非住宅房屋以及非住宅用地上的房屋，应划入非住宅。独立于其他建筑的车库，不属于住宅。

6.94　有个别新增上图的房屋怎么判断是城镇非住宅还是城镇住宅（是按用地性质，还是按实地是否住人）？

城镇住宅：供人们居住使用的房屋建筑（含与其他功能空间处于同一建筑中的住宅部分）。

城镇非住宅：除住宅以外的其他房屋建筑，包括各类公共建筑、工业建筑等。

对于住宅和其他功能综合的建筑，主要以用地性质为依据，住宅用地上的该类房屋填报住宅表格，并在备注里注明和什么功能综合（如住宅小区的底层设有商业用房等情况）；非住宅用地上的这类房屋填非住宅表格，并根据综合的功能选择填写不同的综合建筑。

工厂自建的宿舍楼，按照规范要求，调查为城镇非住宅，其中建筑用途勾选其他，并填写宿舍。酒店、宾馆、学校等算非住宅。

6.95 城镇房屋"建筑名称"填报有什么要求？

建筑名称填报时，有楼牌宜按楼牌号中的楼号填写；无楼牌号的，按周围居民/使用者习惯叫法或燃气/自来水房屋编号填写。建筑名称应填写规范，不得出现"久久鸭""591"等类简写。

6.96 城镇房屋"建筑地址"填报有什么要求？

城镇房屋建筑地址至少应填报至"路（街巷）"，"号"和"栋"应尽可能填报齐全，填报至房屋周围紧邻的任意主要"路（街巷）"均不算错。

6.97 城镇房屋"产权登记"填报有什么要求？

对于单位和成片开发的小区住宅采用核查房屋产权登记的方式进行。

应重点核查城乡接合部是否为小产权房屋。

产权登记情况需与产权单位填报情况之间符合逻辑关系，并确保"是""否"勾选正确。

6.98 若房屋建筑的产权单位是归属于部队且小区开放可以进入，则此小区需不需要调查？如果需要调查产权单位怎么填写？

按实际情况来，开放可以进的小区需要调查，产权单位按照实际情况填写。

6.99　一个住宅小区房屋都是个人产权且没有物业管理，产权人怎么填报？

产权人可以填报多个，比如"张三，李四等"，多个产权人中间用英文逗号隔开。

6.100　城镇房屋"建筑高度"填报有什么要求？

房屋建筑高度不同对抗震措施的要求不同，对于同一类型房屋结构，房屋高度的差异是反应结构损坏状态的因素之一。

对于有图纸资料且与房屋实际吻合时，应严格按照实际情况填写。

当缺失资料时，其测量误差超过房屋总高度的10%且误差超过1.5m，则认定调查高度数据错误。

6.101　室外地面不平时如何填写"建筑高度"？

一般应查阅档案资料并核实后填写。确实无法查阅的，可现场简单测量。现场测量时对于砌体结构房屋高度误差不超过1米，其他结构类型测量误差尽可能接近真值，并不超过10%。山地建筑的计算高度为室外地面起算点，对于掉层结构，当大多数竖向抗侧力构件嵌固于上接地端时宜以上接地端起算，否则宜以下接地端起算；对于吊脚结构，当大多数竖向构件仍嵌固于上接地端时，宜以上接地端起算，否则宜以较低接地端起算。

6.102　城镇房屋"变形损伤"填报有什么要求？

对于外观明显、肉眼可见的倾斜和下挠的变形应拍照清楚并上传，可以从抗震缝与邻近房屋查看房屋倾斜情况。

对于结构构件肉眼可见的裂缝等损伤应拍照清楚裂缝并上传，损伤主要从房屋外围和楼梯间查看；对于围护结构承重构件的损伤以及饰面砖、幕墙、外保温破坏也应予以拍照清楚裂缝并上传。

必须确保"有""无"勾选正确，且变形损伤照片类型与填报选项对应。不应出现房屋照片明显有损伤但勾选"无"或勾选"有"但无相应照片的情形。

6.103　城镇房屋"改造情况"填报有什么要求？

房屋改造可分为加层改造、扩建或拆除改造、房屋整体使用功能改变、房屋局部改造等。

通过资料核查或现场检查，调查结构主体的加层、扩建、改建或拆除情况并了解整体使用功能的改变。

重点关注老旧厂房改造情况：沿街商业房屋局部拆改，重点了解拆墙、开洞；首层住宅楼拆除原阳台处墙体情况；室外加装电梯、节能和装饰改造情况。

确保"是""否"勾选正确；当缺少改造图纸资料时，该处改造时间允许有几年误差。

6.104　很多物业，居委会没有房屋是否改造的资料信息，如何填报对应字段？

没有明确信息就填写没有进行过改造。

6.105　新增室外电梯的，要登记玻璃幕墙吗？

装电梯（图 6-17）不用登记玻璃幕墙，算改造。

图 6 - 17　加盖室外电梯房屋建筑

6.106　城镇房屋"抗震加固情况"填报有什么要求？

对于 1990 年之前的多层砌体房屋外加构造柱和圈梁加固，虽然可能不够完善，但也属于抗震加固的范畴。

2008 年及以后的抗震加固重点为中小学、幼儿园校舍、医院，2011 年以后对 1980 年以前的住宅抗震加固与节能改造。仅进行节能改造（如外墙外保温）的不属于抗震加固范围。

抗震加固一般都是对整个独立结构单元进行整体性的加固，对建筑的某个局部区域由于增加荷载或者出现变形或损伤而对某些构件进行的加固，此种情况下不是抗震加固，宜划归到"是否进行过改造"项目。

确保"是""否"勾选正确；当缺少抗震加固图纸资料时，该处抗震加固时间允许有几年误差。

原则上不可高估房子的抗震能力，若明显有圈梁和构造柱的（图 6 - 18），可以根据时间节点判断。例如 20 世纪 70 年代的房子，若有圈梁、构造柱，可能就是 1976 年唐山大地震之后对房子进行的一个抗震加固改造。

（a）房屋建筑侧面　　　　　　（b）房屋建筑正面

图 6－18　具有构造柱房屋建筑

6.107　房屋建筑无法获取抗震加固、是否采用减隔震设计等信息，如何解决？

一般小区管理单位和属地社区都有小区改造的相关点位信息，通过询问其是否掌握其改造信息。房屋建筑调查尽量对比图纸进行核实，如果图纸没有具体标注是否使用减震、隔震设计，按照就低原则，填写"无"。

6.108　城镇房屋"小区名称或单位名称、产权单位"填报有什么要求？

由于小区名称和产权单位会有变更，以现在的名称进行填写。允许用院落号代替小区名称。

6.109　城镇的连体平房，建筑名称能否简写？写其中一户的名字可以吗？

可以简单描述。以连体的 8 户平房为例，可以写"某某某等八户的房屋"。

6.110　城镇非住宅综合体一般有很多商户，单位名称和建筑名称如何填写？单位名称和建筑名称的区别是什么？

单位名称填写主要使用单位即可；建筑名称就是建筑物名字，如"某某大厦"，即当前使用中的建筑名称。

6.111　小区内的配套设施归小区物业管理，但是产权人不归小区、物业、社区任何一方的应该怎么填写产权人或者产权单位？

首先判断此建筑物是否位于小区范围内，具有什么使用用途。一般来讲，小区在建成时，除开发商所有的产权建筑外的建筑均为业主共有。调查时可以询问一下物业此处建筑的使用用途并核对原始建筑竣工图。

6.112　城镇房屋"住宅套数"填报有什么要求？

住宅套数反映住宅房屋居住人员情况。

对于有图纸资料的住宅以建筑图表明的住宅套数为准；对于缺失图纸资料的多层住宅楼可以每个单元的户数进行统计；对于城区的筒子楼、中式住宅和平房院落可按居住户数填报。

6.113 某带底商的城镇住宅楼，底商以上的楼层住房套数为 40，底商共 4 户，调查填写套数为多少？

住宅套数填报时，不包含底商，填写 40，底商不计入套数。

6.114 什么类型的房屋采用减隔震技术？

减隔震是除了抗震以外提高房屋抗震性能的其他途径。隔震一般为基础隔震，需要房屋周围有隔震沟；减震方式较灵活，一般用在钢筋混凝土或钢结构中。

隔震房屋主要应用于多层砌体结构，医院的多层砌体的手术楼在加固改造中有应用，中小学教学楼有少量加固应用，北京市极少数的住宅小区采用基础隔震进行建造；消能减震在中小学教学楼和医院的多层钢筋混凝土框架加固中得到应用，北京火车站的大厅采用消能支撑加固。

6.115 城镇房屋"是否保护性建筑"填报有什么要求？

北京市是具有悠久历史的城市，有少量的古建筑/文物建筑，在城区有一定数量虽然不属于古建筑/文物建筑，但属于历史建筑。

这些房屋主要是木结构和中式住宅楼以及中华人民共和国成立前建造有保护价值的砖木结构，确切认定比较复杂，对于已经挂牌为古建筑/文物建筑和历史建筑，应当填写清楚。

6.116 社区辖区内有以历史人物命名的建筑，相关信息应该向什么地方查询？

例如：清河街道学府树第二社区内就一栋名为：孙中山讲堂的建筑，调查时应与现场管理单位核实是否为历史建筑，有可能只是名称而已并不属于文物建筑。

6.117　"三供一业交接"怎么确定？

"三供一业"是指企业的供水、供电、供热和物业管理。"三供一业"交接是指国企（含企业和科研院所）将家属区水、电、暖和物业管理职能从国企剥离，转由社会专业单位实施管理的一项政策性和专业性较强、涉及面广、操作异常复杂的管理工作。

6.118　关于社区物业单位配合问题，社区不清楚自己的台账及相应图斑分布，无法提前沟通联系物业单位，如何协调？

（1）沟通前置。现场调查前做好与社区、管理单位联系。

（2）社区层面的配合，需要社区提供相应管理单位的联系人，调查人员找管理单位进行信息登记。

（3）如果现场遇到不配合的情况，与社区、街道、房管专员进行联系解决，若解决不了，则标注原因，后续进行补充调查。

6.119　有部分楼房，外观上看是两栋楼，但是实际管理单位是一个，栋号也是一个，是否需要合并？不合并的话是否存在地址上的逻辑错误？

按照尽可能不改变底图图斑原则，可以不合并，地址上不会有逻辑错误。若结构相同，抗震体系一致，行政地址一样，可以合并。

6.120　独立地下空间只有入口房应该怎么调查填报？

对于独立地下空间，在其入口处画图斑，拍照出口，其他信息按照房子相关资料填写，备注说明是地下建筑。

例如：图斑为地下采光口，地下健身场，建筑全部是地下，单独全地下建筑，如图 6-19 所示。地上层数为 0，地上高度 0.65 米，然后做好备注是全地下建筑。因为全地下建筑抗震性比较好，高度的关注度不是很高。

图 6-19　单独全地下建筑

6.121　是否可采取纸质版调查，后续内业输入调查软件的方式调查？

此种方式不可行，不能满足普查要求。

本次普查的重要突破之一是实现房屋空间地理信息与房屋属性的一一对应，按照国家统一标准，在工作底图上，内外业相结合，通过外业实地调查并使用调查软件移动端 App 录入单栋房屋建筑的属性信息，建立互联共享的覆盖海淀区房屋建筑承灾体调查成果的地理信息系统数据库。相应的，调查采用信息化手段进行，需要外业现场定位并拍摄照片。

6.122　底图上是两个图斑，实际上是连在一起的一栋房屋，但是楼层不一样，产权人也不一样，这类图斑是否要合并？

如图 6-20 所示，若结构相同，抗震体系一致，行政地址一样，可以合并，层数按照最高层数填写即可。

图 6-20　楼层数不一致房屋建筑

6.123　现场和图斑出现不对应的是否可以合并？

按照应调尽调原则，以实地情况为主，图斑能不改变尽量不改变。

6.124　是否按照结构缝来分割图斑？

根据结构体系和抗震体系来判定其是否分割合并。

6.125　居民楼（或农村集合住宅）一层向外扩的情况，是否调查？

居民楼（或农村集合住宅）一层向外扩了 2～3 米，有的开了商店，有的是开了公司（图 6-21）。如果底图有图斑，则进行调查，如果底图没有图斑，则不做新增处理，随建筑主体一起调查，在备注中写明"底层有外扩，部分为底商，底商名为××"。

（a）情况1　　　　　　　　　　　　（b）情况2

图 6 - 21　带有底商房屋建筑

6.126　城镇房屋拍照有什么要求？

房屋照片能够反映房屋的高度、层数、规模和建筑规则性以及外墙装饰装修等情况，是大数据和信息化管理的基本信息。

必须为所调查的房屋拍摄照片，以能够展示所调查房屋的层数、规模、结构类型特点等为准。至少应包括一张正面全景照，确因现场条件限制不能从正面反映全貌时，可拍摄背、侧立面照片进行补充。

从外观上易引起误判的结构，宜在备注中说明情况，有条件时可拍摄局部结构类型特点照片。

严禁仅拍摄大门、局部墙体、房屋内部（对于城区密集住宅区的房屋建筑被其周边建筑紧密包围而无法拍照的可放宽，条件允许时宜从不同角度尽可能反映房屋全貌），对于模糊不清、光线条件差的照片均视为不符合要求。

6.127　农村房屋"需要调查"有什么要求？

此次房屋调查属于摸清底数。应做到应查尽查，核查是否属于不需要调查的房屋，需要调查的应做到应查尽查。

本次调查范围为全部竣工或投入使用的房屋建筑。

除已拆除之外的不需要调查的房屋而调查单位进行了调查，此种情况不宜认定为错误。

集装式彩钢房实际用途为长期或半长期使用时应进行调查。

具备规模、建造正规的永久性建筑类的现代化养殖圈舍、设施农业建筑宜进行调查。

田间地头看护房屋可按辅助用房（能够确定所归属产权人时）或生产加工用房填报，对于农耕地的水泵房应作为生产加工用房填报。

6.128　农村房屋"不需要调查"有什么要求？

此次房屋调查属于摸清底数。应做到应查尽查，核查是否属于不需要调查的房屋，不需要调查的应填报合理原因并附照片；注意涉密区域不得拍照并不得备注原因中出现保密、涉密相关表述，应选择"不需要调查"项下所列出的第三项"处于依法确定的不对外开放场所/区域"。

农村房屋不具备使用条件的未完工房屋，可移动的临时房屋（如集装式彩钢房），原则上不需要调查。但需要注意，集装式彩钢房实际用途为长期或半长期使用时应进行调查。

蔬菜水果种植的季节性简易大棚不需要调查。

6.129　农村房屋"建筑层数"填报有什么要求？

层数反映各类房屋结构的不同抗震措施要求和地震作用破坏的影响，同时也间接反映建筑高度。对于农村房屋，层数也是各地管理或规划建设关注的要点之一。

农村房屋不需要调查地下层数，当填报的层数包含了地下层数，可适当容错，不认定为错误。

6.130 农村房屋"结构类型"填报有什么要求？

对于局部不涉及主体结构、不显著增加使用荷载的改造（如露台或屋面加建轻钢棚、简单封闭走廊等），结构类型应按原结构类型填报。

当房屋设置地圈梁、屋面为木屋架或钢屋架，前纵墙处为现浇钢筋混凝土柱弥补窗间墙的不足，且前檐混凝土梁与前墙钢筋混凝土柱现浇为一体的，应为砖石结构。

鉴于农村房屋结构类型的复杂性和随意性，对部分易混淆或现场难以准确判断的房屋，允许有一定范围的容错，包括：前纵墙为预制混凝土柱承重、其余为砖墙承重房屋，应为混杂结构，误填为砖石结构；木结构（不包括古建木结构和现代木结构）误填为木柱、墙体混合承重的混杂结构等。

6.131 农村房屋主房承重为木柱和砖，为混杂结构，配房无可见木柱，但是房屋建造时间一样，该配房结构该如何认定？

主房加配房房屋建筑（图 6-22）没有木柱支撑的话按照砖石结构填写。

（a）示例一　　　　　　　　　　（b）示例二

图 6-22　主房加配房房屋建筑

6.132 农村房屋，原本为木结构，若前排木柱更换为混凝土柱子，是否应定义为混杂结构？

按照结构承重构件材料，混杂结构房屋并不是一种确定的形式，而实际中各种墙体材料混用的房屋不同材料墙体或墙体与木柱混合承重的房屋。

若原来是木柱，现全部改造浇筑成混凝土，则填写混凝土；若原来是木柱，现只改造其中一根、两根，则填写混杂结构。

6.133 农村房屋"是否专业设计"填报有什么要求？

主要关注 2000 年以后特别是 2008 年汶川大地震以后建造的房屋和 2013 年以后北京市新农村建设的房屋建筑以及采用标准图集的房屋建筑。建造年代较早（2000 年之前）的房屋，采用专业设计的概率较低。

对于村集体土地上统一建造的集合住宅、小区、联排以及独栋房屋等，可判定为具有专业设计。

对于村集体土地上建造的大型厂房等建筑，应仔细询问、谨慎填写。

6.134 农村房屋"建筑名称/建筑地址"填报有什么要求？

集合住宅的建筑名称应填写准确，有楼牌宜按楼牌号填写；无楼牌号的，按周围居民/使用者习惯叫法填写，均不算错误。非住宅房屋可按含单位名称、招牌等信息规范填报。

农村房屋建筑地址至少应填报到行政村，组（自然村）、街巷、门牌号应尽可能填报齐全。

6.135 农村房屋"建筑面积"填报有什么要求?

村镇地区受卫星底图精度限制、环境遮掩等影响,图斑轮廓主要表示大致位置和范围,系统中自动计算的面积仅供参考,准确率不高,调查时应通过简单测量获取;核查时当面积偏差超过 20% 时,认定面积填报错误。

对于前沿有混凝土挑檐的农村砖石结构房屋,挑檐面积宜按一半计算。

对于院内原房屋之间直接(或通过抬高原房屋靠近院内的部分墙体)搭接彩钢或玻璃屋顶的区域,可不进行调查,也不计入建筑面积。

对于通过预制板、现浇板或钢网架与周边原房屋墙体有效连接的加盖区域房屋,可与周边房屋归并为一个房屋进行调查。

6.136 农村居委会提供的房屋面积是一宗地的总面积,不是单独的房屋面积,这种情况如何处理,是否需要图斑合并等操作?

按照实际情况进行调查填写,遇到提供宗地面积,则备注其情况,过后内业需要自行处理,按照占地面积乘以楼层反算建筑规模。

6.137 农村非住宅"房屋用途"填报有什么要求?

房屋用途与抗震设防类别直接有关,直接关系到遭遇地震时人员伤亡数量、直接和间接经济损失大小、社会影响程度及在抗震救灾中的作用。

确保人员可能密集的教育设施、医疗卫生、餐饮服务、住宿宾馆、农贸市场、养老服务等的具体用途填报准。

6.138　农田或村外某处放农具、杂物的房屋，如果是按辅助用房填报，如何关联到农户的独立住宅？如果按非住宅填报，房屋用途如何填报？

若底图上没有，房屋面积比较小，在底图上不容易新增，则可以不用补充；若房屋面积较大，需要新增，按辅助用房和非住宅填报都可以，若按非住宅填报，则房屋用途选择"生产加工建筑"；若底图上有，则可以按照非住宅和辅助用房填报，若按非住宅填报，则房屋用途选择"生产加工建筑"。

6.139　农村房屋"房屋类别"填报有什么要求？

集体土地上的房屋属于农村房屋。当住宅与非住宅以及住宅下的独立住宅和集合住宅混淆错误填报时，认定为房屋类别填报错误。

对于人员可能密集的既有营业场所又有房主自住区域的独立建筑（例如餐馆、超市、农家乐住宿餐饮等），当有营业执照时，按非住宅进行填报；当无营业执照时，若自住面积占比不低于（大于等于）50％时，按独立住宅填报，否则按非住宅填报。

对于城乡结合部宅基地上建设的具有一定规模的出租屋应重点关注，这类房屋属于人员密集场所，通常没有营业执照，应选择为非住宅房屋，用途为民宿宾馆。

6.140　如果图上没有私搭乱建的房屋建筑，是否需要新增调查？是否可参考农村辅助用房的方式处理？

私搭乱建的房屋建筑（图6-23），按照应调尽调的原则，实地有房子需要在底图上补充，若住人，按照住宅调查，若不住人，可以按照辅助用房调查。

（a）情况1　　　　　　（b）情况2　　　　　　（c）情况3

图 6 - 23　私搭乱建的房屋建筑

6.141　由于农村大院无法入户，院内房屋无法分辨是否为附属房屋怎么处理？

可以和户主沟通了解房屋性质，尽可能准确。

6.142　底图遥感影像中农村区域和现场差别太大，现场存在很多私搭乱建的，不仅仅是影像精度问题，如何调查？

现场能调查的尽可能调查。

6.143　农村辅助用房，偶尔住人，偶尔不住人，按独立住宅还是辅助用房调查？

只要有居住条件，就算独立住宅。

6.144　农村房屋"建成时间"填报有什么要求？

农村房屋"建成时间"按年代划分，应区分清楚 1980 年及以前建造、1981—1990 年、1991—2000 年、2001—2010 年、2011—2015

年、2016 年及以后建造。建成时间可反映建造时的经济水平、抗震构造的应用情况，并可与农村抗震节能改造等相关政策的实施关联。

6.145　农村房屋"变形损伤"填报有什么要求？

对承重墙体裂缝、屋面塌陷、墙柱倾斜、地基沉降以及其他围护结构承重构件的损伤等进行记录并附照片。对于装修饰面等表面和非承重轻质内隔墙的损伤可不记录拍照。

必须确保"有""无"勾选正确，且变形损伤照片类型与填报选项对应。不应出现房屋照片明显有损伤但勾选"无"或勾选"有"但无相应照片的情形。

6.146　农村房屋"安全性鉴定情况"填报有什么要求？

在北京市实施农村危房改造、农村房屋安全隐患排查工作中，对部分农房进行过房屋安全鉴定，部分民宿房屋建筑也进行过鉴定，可采用相关结论填报。

必须确保"是""否"勾选正确，且安全性鉴定二级选项正确。

6.147　农村房屋"抗震加固情况"填报有什么要求？

北京市 2013 年开始对农村房屋建筑进行抗震节能改造，使房屋抗震能力有较大提高。

确保"是""否"勾选正确。仅进行节能改造的不属于抗震加固范围。

相关时间与建成时间之间符合逻辑，该处时间允许有几年误差。

6.148　农村房屋"抗震构造措施"填报有什么要求？

北京市 2008 年颁布《农村民居建筑抗震设计施工规程》（DB11/

T 536—2008），2010 年以后建造的房屋中即使是钢屋架结构也有一部分采取了构造柱和圈梁。

专业设计的或有资质的施工队伍建造的农房，可不勾选"是否采取抗震构造措施"（若勾选，不计入错误）。

抗震构造措施选项仅适用于砖石结构、土木结构，其他结构不得勾选相关抗震构造措施选项（若勾选，计入错误）。

确保"有""无"勾选正确，抗震构造措施调查填报项目数量少于实际时不认为错误。

6.149 农村房屋确认抗震构造措施时应拍照，若无法拍照可否按无抗震构造措施填报？

若"是否抗震构造措施"选择"是"，则需要拍摄照片。

抗震构造措施确认有才填报，调查软件更新后此项调整为先填报是否采取抗震构造措施，选择"是"时填报具体措施。由于部分抗震构造措施在房屋投入使用中难以现场直观查明，需要通过询问户主、了解当地建造情况判断，拿不准或者现场不易查明时，可认为未采取。原则上，对于自建农房，不可高估其抗震能力，以免影响宏观评估。

6.150 农村房屋"小区名称"填报有什么要求？

由于小区名称和产权单位会有变更，填报时，以现在的名称进行填写。允许用院落号代替小区名称。

6.151 农村房屋"户主姓名"填报有什么要求？

农村住宅房屋在宅基地上建造的，但会有少量的变更，填报为户主直系亲属时，可不认定为填报错误。

6.152　农村房屋"产权人/使用人"填报有什么要求?

通过询问,根据实际情况填写,尽可能填报产权人信息。

6.153　农村房屋"住宅套数"填报有什么要求?

对于有图纸资料的,以建筑图表明的或物业统计的住宅套数为准;对于缺失图纸资料的多层住宅楼以每个单元的户数进行统计。

农村房屋需要按栋调查,需要入户的话,也要进行入户调查或拍照。若无法拍照则需要备注说明。

6.154　农村的公共厕所等公共服务建筑,居委会没有相关房屋信息,怎么处理?

公共厕所等农村非住宅建筑建筑地址可以按照实际情况来填写,如西洼村口西边公共厕所等,房屋名称是公共厕所,建筑面积可以现场估算,也可以按照占地面积乘以楼层进行反算,建造年代如果实在无确切时间,需要村里配合调查的人员提供大致建设时间,用途选为"其他"等。在备注中做好说明。

6.155　农村私自盖的房子,没有产权,"产权人"是否填写"无产权"?

"产权人"填写户主姓名,户主类型按实际情况填写即可。

6.156　在现场,屋顶增加彩钢棚,用于遮阳挡雨用的这种算改造吗?

在现场,屋顶增加彩钢棚,用于遮阳挡雨用的,如果不是加层不算改造。

6.157 一个建筑，只有其中一部分楼顶增加彩钢棚，算改造吗？

一个建筑，只有其中一部分屋顶增加彩钢棚（图6-24），如果不是加层不算改造。

（a）底图图斑情况 　　　　　　　　　（b）现场建筑情况

图 6-24　屋顶增加彩钢棚

6.158 农村房屋拍照有什么要求？

农村房屋多数是村民自建，缺少正规设计与建造，绝大多数无工程档案材料，结构类型等信息主要依赖现场调查获取；照片是调查数据档案材料之一，也是核查、检查的内业工作的重要依据，通过照片筛查、比对初步判断房屋的结构类型等相关信息的填报质量。

必须是所调查房屋的照片，以能够展示所调查房屋的层数、规模、结构类型特点等为准。至少应包括一张正面全景照，确因现场条件限制不能从正面反映全貌时，可拍摄背、侧立面照片进行补充。

对于钢结构、ESP 空腔模块体系、混凝土结构、混凝土仿古建筑等从外观上易引起误判的结构，宜在备注中说明情况，有条件时可拍摄局部结构类型特点照片。

严禁仅拍摄大门、局部墙体、房屋内部（当房屋被其周边建筑紧密包围而无法拍照时，若条件允许宜从不同角度尽可能反映房屋全貌），模糊不清、光线条件差的照片均视为不符合要求。

6.159　对于保留村和非保留村分别采取什么作业方式？

对于保留村，现状房屋，包括违建等建筑，尽量还是要调查。对于非保留村，可以以底图为准，底图没有的可以不用新增调查，在备注中写明"房屋有外扩，外扩面积为××平方米，已加入总面积"。但对于非违建的面积较大的（大于 20 平方米）且底图没有的住宅房屋，仍需进行新增调查。

6.160　机械车库算楼房还是算平房？

楼房和平房的判定需按照其房屋信息资料填写，若机械车库原始是一层就按平房，二层及以上按楼房。后期加盖二层，若上下结构不一致，则不算楼房。

6.161　对于加盖房屋，是否调查？

对于加盖房屋，需要调查。对于两栋楼房之间加盖（图 6-25），但是底图中没有的，在备注中进行说明，［与东（南、西、北）侧房屋之间有加盖，加盖面积已加入总面积］。

图 6-25 加盖房屋建筑示例

6.162 非必填项若不准确是否可以不填写?

非必填项能填写尽可能填写,若不准确则也需要填写。尽可能收集正确信息。在备注中做好说明。

第七部分

海淀区房屋建筑承灾体调查质量检查方案

7.163 质量检查的对象是什么?

质量检查的对象包括两大类:房屋空间矢量图斑以及图斑属性信息。

7.164 质量检查原则是什么?

质量检查原则是"边调查、边质检""边质检、边整改""一票否决"。

(1)"边调查、边质检"。质量检查采用边调查、边质检的检查原则,检查人员及时发现外业调查过程中存在的重要性以及倾向性问题,便于外业调查人员及时整改,提高外业调查人员对各项调查指标的认知,保障后续调查成果的质量。

(2)"边质检、边整改"。对检查过程中发现的所有问题,检查人员及时通知外业调查人员进行核实、整改,确保调查成果的质量以及工作进度。

(3)"一票否决"。在海淀区现场核查数据审核初步规则要求的基础上,严把质量关,高标准、严要求地进行质量检查工作。在特别关键信息、关键信息、一般信息三类信息中,一个指标错误,则调查成果即为不合格。

特别关键信息:建筑面积、设计建造时间、是否专业设计建造、建筑层数、结构类型、房屋用途。

关键信息:建筑名称、建筑地址、是否产权登记、建筑高度、是否进行过改造及改造时间、是否进行过抗震加固及加固时间、有无明显的裂缝变形倾斜等静载缺陷。

一般信息：小区名称或单位名称、产权单位、住宅套数、有无物业管理、是否采用减隔震、是否保护性建筑、信息填报人、照片。

7.165 质量检查的制度是什么？

质量检查采用两级检查及全过程质量监督、市区核查验收制度。一级检查和二级检查完成后需要进行海淀区区级质量核查、北京市市级质量核查和国家质量抽查三次质量检查，达到要求后方能验收。

7.166 质量检查如何进行责任分工？

承担单位的作业部门负责一级检查，承担单位负责组织成立独立的项目质量检查组进行成果的二级检查，配合项目委托方按需开展调查成果的验收和审核。质量检查贯穿于生产实施的全过程，贯彻到与生产、质量有关的各个部门。

7.167 过程质量控制包括哪些环节？

过程质量控制主要包括两个环节，即生产质量管理情况控制和成果质量控制。

7.168 生产质量管理情况控制有哪些检查内容？

生产质量管理情况控制具体检查内容主要包括组织实施、专业技术设计、生产工艺、内部培训、装备配置、技术问题处理、一级检查和二级检查等。

（1）组织实施。对项目的组织实施机制建立与运行情况进行检查。

（2）专业技术设计。对专业技术设计的规范性、针对性、完整性、设计审批等情况进行检查。

（3）生产工艺。对生产工艺流程的符合性进行检查，包括当发现偏离生产技术路线时是否采取适当的保障措施，以确保产品符合性；对保障措施的执行情况是否进行了跟踪检查、保障措施是否有效等情况进行检查。

（4）内部培训。对培训计划的实施情况、培训的效果等情况进行检查。

（5）装备配置。对各工序所用主要仪器设备的检定情况进行检查，包括是否通过法定计量检定（校准）机构检定、是否在有效期内使用等；对各工序所用主要内、外业软件的测试验证情况进行检查。

（6）技术问题处理。对技术问题处理一致性情况进行检查，比如定期对技术问题进行整理分析，分析问题的原因，提出预防措施意见，并形成文件发送至有关部门等。

（7）一级检查。对一级检查执行情况进行检查，包括检查比例的符合性、检查内容及记录的完整性、质量问题的修改与复查情况等。

（8）二级检查。对二级检查执行情况进行检查，包括检查比例的符合性、检查内容及记录的完整性、质量问题的修改与复查情况、成果质量评价及检查报告的规范性等情况进行检查。

7.169　成果质量检查有哪些内容?

成果质量检查主要检查项目生产的各阶段成果，包括一级检查和二级检查，在整个生产过程中，对这些生产的关键环节进行严格的质量控制。

（1）一级检查。

1）一级检查对监测成果资料进行100％内业检查，重点检查变化区域内的成果资料，并应做好检查记录。

2）检查出的问题、错误及复查的结果应在检查记录中记录。

3）一级检查提出的质量问题，监测作业人员应认真修改，修改后应在检查记录上签字。

4）一级检查的检查记录随监测成果资料一并提交二级检查部门。

5）经一级检查未达到质量指标要求的，监测成果资料应全部退回处理。

6）退回处理后的监测成果资料须进行全面复查，确定问题是否修改彻底。

（2）二级检查。

1）监测成果通过一级检查后，进行二级检查。

2）二级检查对监测成果资料进行100％内业检查，重点检查变化区域内的成果资料，外业检查比例不得低于生产时外业的10％。

3）检查出的问题、错误及复查的结果应在检查记录中记录。

4）二级检查应审核一级检查记录。

5）二级检查提出的质量问题，监测任务作业单位应认真组织全面修改，修改人员应在检查记录上签字。

6）经二级检查不合格或未达到质量指标要求的，监测成果全部退回处理。处理后的监测成果重新执行二级检查，直至合格为止。

二级检查完成后，应进行单位成果质量等级评定，并编写检查报告，检查记录及检查报告随成果一并提交验收。

7.170　房屋调查数据有哪些质量要求？

房屋调查数据质量必须符合完整性、规范性和一致性的要求。

（1）完整性。完整性指调查数据填写的完整性。

与调查区域工作底图对比，保证调查区域的建筑物无遗漏，对于现场发现的不属于应调查的建筑物，但底图中包括的图斑对象，以及归属于无法提供数据的管理主体的建筑，经审核同意后不调查。

采集表内容比照，保证所调查建筑物的调查数据资料不缺项。

检查填报数据是否符合必填、选填、条件必填等要求。

（2）规范性。数据格式规范性：填报数据的要求应符合相关数据格式，包括填报指标数据类型是否符合要求（如字符型、数值型等），字符长度、精度、选项个数的规范性（如单选、多选）等。

文件格式规范性：包括上传附件是否符合格式要求。

（3）一致性。一致性分为逻辑一致性、空间一致性、时间一致性、属性一致性。

逻辑一致性：包括填报指标选项间逻辑关系约束、填报指标间逻辑关系、调查表间逻辑关系等。

空间一致性：包括填报地址、位置与实际情况是否一致等。

时间一致性：包括填报时间与事实一致性等。

属性一致性：包括表中数据与实际情况的一致性。

7.171 如何进行质量检查？

项目通过对生产部门质量管理情况和成果质量两方面进行质量检查。对生产部门质量管理情况通过查阅记录、询问交流、现场查看的方法进行检查；对成果质量检查主要采用核查分析、外业巡查、旁站观测等检查方法进行抽样检查。其中，检查过程中采用人工核查、软件质检相结合的方式，质量检查结果评价依据质量检查与抽查规定进行。质量检查应根据规定的相应检查项，按项目技术要求检查，并填写相应检查记录，最终形成质量检查报告。

（1）人工核查。调查人员自查，在作业过程中，调查人员对自己调查过的图斑进行自查。

项目组质量抽查，在调查员调查完成后，调查组按照抽查比例进行抽查。

街道调查负责人进行全过程质量控制。

（2）软件质检。利用住房城乡建设部相关软件，对成果的完整性、一致性、规范性进行检查。